粤港澳大湾区建筑部门碳中和情景和路径研究

成贝贝　李康燕　廖翠萍 / 编著

中国环境出版集团 · 北京

图书在版编目（CIP）数据

粤港澳大湾区建筑部门碳中和情景和路径研究 / 成贝贝，李康燕，廖翠萍编著. -- 北京 : 中国环境出版集团，2025. 11. -- ISBN 978-7-5111-6530-5

Ⅰ. X511

中国国家版本馆 CIP 数据核字第 20259MC196 号

责任编辑 宋慧敏
封面设计 宋　瑞

出版发行 中国环境出版集团
（100062　北京市东城区广渠门内大街 16 号）
网　　址：http: //www.cesp.com.cn
电子邮箱：bjgl@cesp.com.cn
联系电话：010-67112765（编辑管理部）
发行热线：010-67125803，010-67113405（传真）
印　　刷 北京建宏印刷有限公司
经　　销 各地新华书店
版　　次 2025 年 11 月第 1 版
印　　次 2025 年 11 月第 1 次印刷
开　　本 787×960　1/16
印　　张 7.5
字　　数 110 千字
定　　价 42.00 元

前言
Preface

建筑部门作为能源消耗与碳排放的核心领域，其绿色低碳转型对全球碳达峰碳中和目标的实现具有决定性意义。从全球视野来看，国际能源署（IEA）数据显示，2019 年全球建筑相关的碳排放量已攀升至 100 亿 t，占全球碳排放总量的 28%。建筑部门成为碳排放量最高的终端消费来源。无论是早已提出碳中和目标的发达国家，还是正在加速推进低碳转型的发展中国家，建筑部门的碳减排与碳中和进程均被视为实现国家气候目标的核心抓手——这不仅因为建筑用能是终端能源消费大头，更因其与居民生活品质、城市功能升级深度绑定，使得减排工作需在“降碳”与“发展”之间寻求精准平衡。

聚焦国内，中国建筑节能协会发布的《中国建筑能耗与碳排放研究报告（2022）》指出，2020 年全国建筑全过程能耗总量为 22.7 亿 t 标准煤，占全国能源消费总量的比重为 45.5%，其中，仅运行阶段能耗就达 10.6 亿 t 标准煤，占比超 21%。在中国“2030 年前碳达峰、2060 年前碳中和”的战略框架下，建筑部门的减排压力尤为突出。国际经验表明，相较于交通、工业等部门，建筑部门的碳排放因其与城镇化进程、居民消费升级的强关联性，往往呈现“总量大、周期长、增速稳”的特征，其碳达峰与碳中和的实现将是一场持久战，需要跨越数十年的技术迭代与制度创新。

作为中国开放程度最高、经济活力最强的区域之一，粤港澳大湾区的建筑部门低碳转型具有特殊的战略价值与示范意义。截至 2023 年底，区域内常住人口超 8 000 万人、城镇化率突破 85%，远超全国平均水平。“国际一流湾区”的建设目标更推动高端服务业载体、科技创新园区、高品质居住社区等建筑需求持续扩张。这种人口集聚与建筑规模增长的双重驱动，使建筑能源消费与碳排放呈现显著的正相关性，其占全社会碳排放总量的比重正逐年攀升。

在此背景下，精准把握粤港澳大湾区建筑部门发展规模与需求增量，构建科学的能源消费和碳排放计算模型，通过情景分析预测未来趋势，深入剖析运行阶段能源消耗与碳排放增长的核心影响因素，并最终探索适配粤港澳大湾区特色的“双碳”实现路径，不仅是破解区域发展与生态约束矛盾的关键举措，更是为全国建筑领域实现碳达峰、碳中和提供先行先试经验的战略重点。这一研究的价值，既在于为粤港澳大湾区制定差异化减排策略提供数据支撑，更在于为全球高密度城市群的低碳转型贡献“中国方案”。

目 录

Contents

第1章

粤港澳大湾区建筑部门发展现状

1.1 粤港澳大湾区整体概况

湾区，从地理概念上看，是由一个海湾或相连的若干个海湾、港湾、邻近岛屿共同组成的区域。粤港澳大湾区（以下简称“大湾区”）涵盖香港特别行政区、澳门特别行政区以及广东省的广州市、深圳市、珠海市、佛山市、惠州市、东莞市、中山市、江门市、肇庆市，总面积约 5.6 万 km^2，总人口超过 8 600 万人（2023 年数据），经济总量超过 13 万亿元，是中国开放程度最高、经济活力最强的区域之一，也是国家建设世界级城市群和参与全球竞争的重要载体。2017 年，“粤港澳大湾区”被写入国务院政府工作报告；2019 年，中共中央、国务院印发《粤港澳大湾区发展规划纲要》，将推动粤港澳大湾区建设上升至国家发展战略，将其打造成为继纽约湾区、旧金山湾区和东京湾区之后的全球第四大湾区。这一区域已成为国家发展战略的核心组成部分。

在经济发展层面，大湾区成绩斐然。2018—2023 年，其经济总量从 10.8 万亿元跃升，并突破 14 万亿元，创造了全国 1/9 的经济总量。其中，深圳、广州、香港、佛山的发展水平较高，地区生产总值均突破 1 万亿元大关。深圳凭借科技创新和高端制造，2023 年地区生产总值在大湾区内名列前茅；广州作为综合性门户城市，在商贸、金融、科技等多领域齐头并进；香港依托金融行业的先发优势和国际化优势，资本市场高度流通，第三产业比重高达 92.63%；佛山则在第二产业和第三产业协同发展的道路上稳步前行，兼顾第一产业，其地区生产总值在大湾区内排名第四。

从产业特色来看，大湾区产业多元化且协同性强。在金融领域，香港是国际金融中心，广州和深圳的金融市场也颇具规模，共同构建起多层次的金融服务体系，为产业发展提供强大的资金支持。在科技产业方面，深圳的高新技术产业集群涵盖人工智能、5G 通信、生物医药等前沿领域，与香港的科研创新能力、广州的高校科研资源紧密结合，形成从基础研究、技术开发到产业化应用的完整创新链条。在制造业领域，佛山、东莞等地的先进制造业不断向智能化、高端化升级，汽车制造、电子信息制造等产业在全球产业链中占据重要地位。此外，大湾区的现代服务业、文化创意产业、海洋产业等都呈现出蓬勃发展的态势。

在区域协同发展方面，大湾区充分发挥深圳前海、广州南沙、珠海横琴等重大合作平台作用，探索协调协同发展新模式，深化珠三角九市与香港、澳门全面务实合作，促进人员、物资、资金、信息便捷有序流动，为大湾区发展提供新动能，为内地与香港、澳门更紧密的合作提供示范，推动区域发展协调性显著增强，对周边地区的引领带动能力进一步提升。

1.2 大湾区建筑部门发展现状

1.2.1 建筑部门能耗研究边界和方法

（1）研究边界

本研究将建筑部门的核算边界明确为包括建筑运营、使用过程的能耗和碳排放，不包括建造过程中的能耗。关于建筑运行用能，依据《民用建筑能耗标准》（GB/T 51161—2016）中的定义，是指“建筑使用过程中由外部输入的能源，包括维持建筑环境的用能（如供暖、制冷、通风、空调和照明等）和各类建筑内活动（如办公、家电、电梯、生活热水等）的用能”。本研究对居住建筑和公共建筑两大类共 7 类建筑进行能耗和碳排放核算，包括 7 类建筑中使用的电力消费和天然气消费。核算建筑分类见图 1-1。

建筑能耗是指发生在以上建筑物内的能源消费。《民用建筑能耗分类及表示方法》（GB/T 34913—2017）对建筑能耗的边界划分如下。

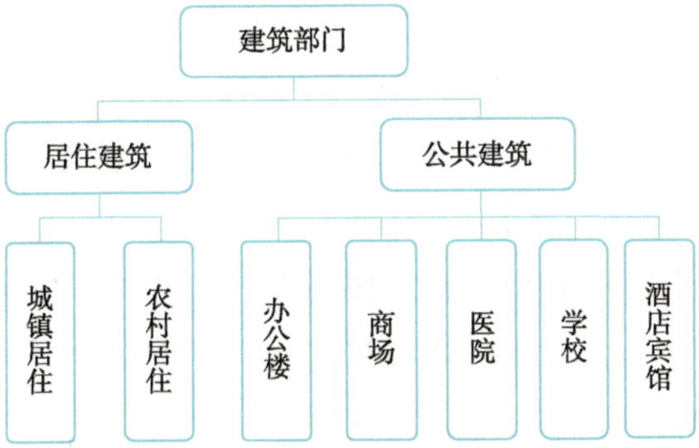

图 1-1　大湾区建筑部门能耗研究边界

公共建筑能耗包括公共建筑内空调、通风、照明、生活热水、电梯、办公设备等使用的所有能耗。

城镇居住建筑能耗为城镇居住建筑使用过程中消耗的从外部输入的能源量，包括每户使用的能源和公摊部分使用的能源。

农村居住建筑能耗为农村居住建筑使用过程中消耗的从外部输入的能量源。

（2）研究现状数据的来源

中国并未形成完备的建筑能耗统计体系，大多数城市公开发布的能源统计数据不如国家和省级数据完整齐备，这导致难以从官方统计数据中准确推算建筑能耗数据。另外，我国各类统计年鉴中也没有直接的建筑面积，且目前还没有公认统一的计算建筑面积的方法。因此，本研究通过各省级行政区发布的人均建筑面积来推算建筑面积。

本研究中，大湾区各城市居住建筑电力消费和燃气消费来自各城市统计年鉴中的城乡居民用电量和天然气用量；公共建筑电力消费和燃气消费来自各城市统计年鉴，其中电力消费统计了商业，住宿和餐饮业，金融、房地产、商务及居民服务业，公共事业及管理组织，计算机服务软件业及其他用电量；燃气消费则指城市商业燃气消费量。其中，珠三角九市的能耗数据主要来源于《广东省统计年鉴》（2012—2024 年）以及各城市的统计年鉴、《城乡建设统计年鉴》（2012—2024 年）；香港的能耗数据来源于机电工程署（EMSD）每年发布的《香港能源最终用途数据》（2012—2024 年）；澳门的能耗数据则取自当地统计暨普查局（DSEC）发布在其网站上的能源平衡表（2012—2024 年），其余数据则全部来源于《澳门统计年鉴》（2012—2024 年）。人均居住建筑面积和人均公共建筑面积同样来源于统计年鉴中的相关资料，缺失数据的年份的取值通过年均增长率推算获得。

（3）能源与碳排放计算方法

本研究中，建筑能耗涉及的计算公式如下：

$$\text{建筑能耗}=\text{建筑总面积}\times\text{建筑单位面积能耗} \tag{1-1}$$

$$\begin{aligned}\text{居住建筑能耗}&=\text{居住建筑总面积}\times\text{居住建筑单位面积能耗}\\&=\text{人口数}\times\text{人均居住建筑面积}\times\text{居住建筑单位面积能耗}\end{aligned} \tag{1-2}$$

$$\begin{aligned}\text{公共建筑能耗}&=\text{公共建筑总面积}\times\text{公共建筑单位面积能耗}\\&=\text{人口数}\times\text{人均公共建筑面积}\times\text{公共建筑单位面积能耗}\end{aligned} \tag{1-3}$$

$$\begin{aligned}\text{建筑碳排放}=&\text{建筑电力能耗}\times\text{电力排放因子}\\&+\text{建筑天然气能耗}\times\text{天然气排放因子}\end{aligned} \tag{1-4}$$

1.2.2 城镇化水平与建筑面积现状

（1）城镇化水平逐年提升

在经济全球化与区域协同发展的时代浪潮下，大湾区作为中国对外开放的前沿阵地和经济发展的重要引擎，其城镇化进程一直备受瞩目。2011 年，大湾区城镇化率已达到 85% 的较高水平，其中香港、澳门、深圳均已实现全面城镇化，标志着该地区的城镇化发展进入高度成熟的阶段，各城市城镇化水平亦呈稳步提升态势。到 2023 年，大湾区城镇化率增长到 89%，远超同期广东省的常住人口城镇化率（75.42%[①]），更是大幅高于全国的平均水平（63.89%[②]），从而形成鲜明的区域发展优势。相较于 2011 年，大湾区城镇化率提高了 4 个百分点，以年均 0.4% 的增速步入了城镇化率提升的相对平缓阶段（见图 1-2）。尽管增长速度有所放缓，但从城市功能优化、产业结构升级以及城乡融合发展等维度来看，大湾区城镇化仍存在可观的提升空间。

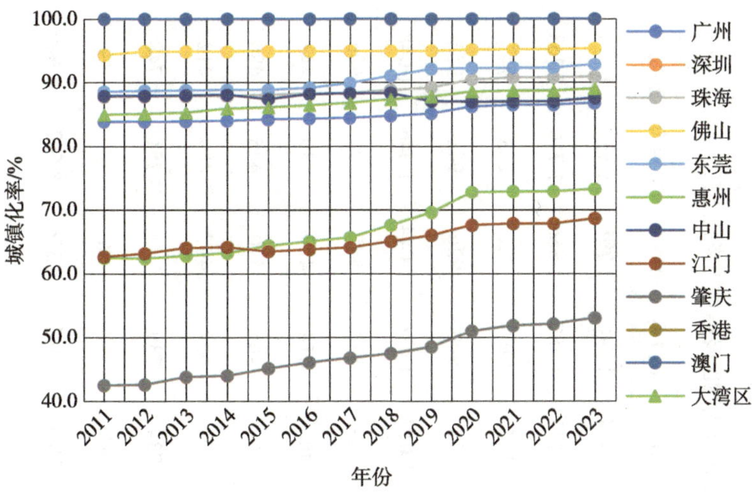

图 1-2　2011—2023 年大湾区及各城市城镇化率

2011—2023 年大湾区及各城市常住人口见表 1-1。从人口分布视角剖析，2023 年大湾区城镇常住人口数量达到 7 737 万人，较 2011 年增长了 2 172 万人，以年均 2.8% 的增长率继续扩张，凸显城镇区域对人口的强大吸引力。值得关注的是，自 2011 年起，农村常住人口规模呈增长态势，并于 2017 年达到峰值 1 074 万人；此后，受城镇化进程加速、人口流动加剧等因素影响，农村常住人口数量逐年回落，2023 年下降到 954 万人。这种人口分布的动态变化，深刻反映了大湾区城镇化进程中城乡结构的重塑与调整。

① 引自《2023 年广东省国民经济和社会发展统计公报》。

② 引自《提高超 55 个百分点　75 年来我国城镇化水平不断提高》，https: //www.gov.cn/lianbo/bumen/202409/content_6975921.htm。

表 1-1　2011—2023 年大湾区及各城市常住人口

单位：万人

地区	2011 年	2012 年	2013 年	2014 年	2015 年	2016 年	2017 年	2018 年	2019 年	2020 年	2021 年	2022 年	2023 年
广州	1 275	1 284	1 293	1 308	1 595	1 678	1 746	1 798	1 831	1 874	1 881	1 873	1 883
深圳	1 047	1 055	1 063	1 318	1 408	1 495	1 587	1 666	1 710	1 763	1 768	1 766	1 779
珠海	165	173	179	186	190	196	207	221	233	245	247	248	249
佛山	761	796	824	850	864	875	900	926	943	952	961	955	962
东莞	877	924	963	996	1 000	1 017	1 038	1 044	1 046	1 048	1 054	1 044	1 049
惠州	482	503	521	538	550	563	572	585	597	606	607	605	607
中山	335	355	372	387	397	408	418	429	439	443	447	443	446
江门	448	451	453	456	458	462	465	470	475	480	484	482	482
肇庆	395	396	399	399	400	402	404	407	409	412	413	413	413
香港	710	715	718	723	729	734	739	745	751	748	741	735	754
澳门	56	56	58	59	60	61	65	66	68	69	68	68	68
大湾区	6 551	6 709	6 842	7 219	7 652	7 890	8 143	8 356	8 502	8 640	8 670	8 632	8 691

（2）建筑面积逐年稳步增长

快速城镇化带动建筑业持续发展。随着人口的持续涌入与集聚，住房需求呈现井喷式增长趋势，不仅催生了庞大的建筑增量市场，更促使建筑存量规模不断扩大，能源消耗问题也日益凸显。大湾区建筑面积的持续攀升可归结于多重因素的交织作用。从需求侧来看，伴随居民生活水平的稳步提升以及人口规模的不断扩大，人们对居住空间的品质与数量提出了更高要求，改善性住房需求、家庭小型化趋势等因素共同推动了居住建筑面积的快速增长。而从供给侧分析，城市规划层面存在的部分不合理之处使存量建筑在功能、区位等方面与社会实际需求出现错位，为满足新兴产业发展、公共服务升级等需求，不得不持续增加新建建筑规模，这进一步推动了建筑面积的增长。

图 1-3 为 2012—2023 年大湾区新增建筑面积。近年来，大湾区建筑面积保持年均 3% 的增速。在 2011—2023 年这一关键发展阶段，建筑领域的结构性变化尤为显著：居住建筑面积实现了 45% 的大幅增长，公共建筑面积也增长了 40%。其中居住建筑面积新增 9.6 亿 m^2、公共建筑面积新增 4.0 亿 m^2，二者分别占新增总面积的 71% 和 29%。这组数据不仅直观展现了大湾区建筑

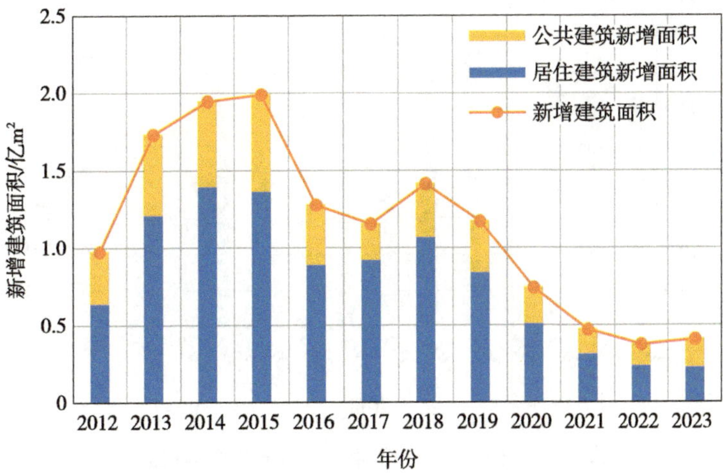

图 1-3　2012—2023 年大湾区新增建筑面积

市场的旺盛活力，也折射出城市发展进程中居住与公共服务设施建设的动态平衡与协调发展需求。

城镇居住建筑凭借庞大的基数与迅猛的增长势头，成为推动区域建筑面积扩张的核心力量。2011 年，大湾区城镇居住建筑面积、农村居住建筑面积和公共建筑面积分别为 17.3 亿 m^2、4.2 亿 m^2 和 10.0 亿 m^2，形成了以城镇居住建筑为主导的建筑规模格局。到 2023 年，三者年均增长率分别为 3.6%、1.2% 和 2.8%。从各建筑类型的增长幅度来看，城镇居住建筑面积增长最为突出，较 2011 年增长了 52%，充分体现了人口持续流入与居民改善居住条件需求的双重驱动效应。农村居住建筑面积虽保持增长，但 15% 的增幅远低于城镇居住建筑面积，从侧面反映了城镇化进程中人口向城镇聚集的趋势。在公共建筑领域，依托大湾区活跃的商务与消费氛围，办公楼和商场均实现了 47% 的增长；医院、学校等民生类建筑因规划建设需兼顾资源均衡配置，增长幅度相对平缓，分别为 21%、22%；酒店宾馆建筑则得益于区域旅游与商务活动的繁荣，增长了 40%，展现出良好的发展态势（见图 1-4）。

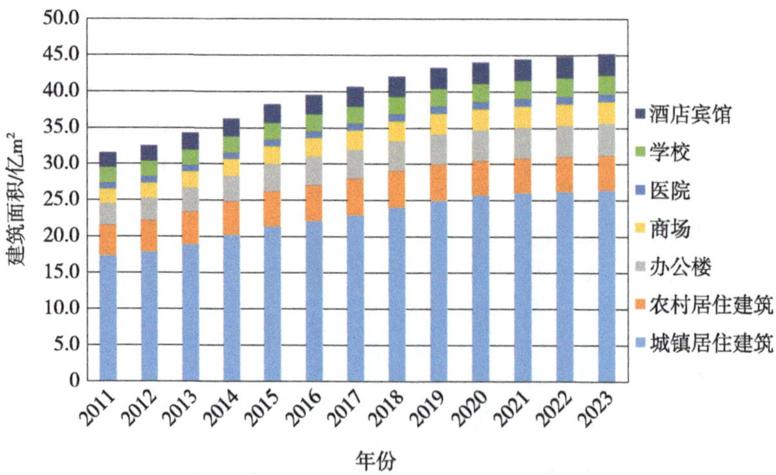

图 1-4　2011—2023 年大湾区分类型建筑面积

到 2023 年，大湾区居住建筑面积和公共建筑面积分别达到 31.2 亿 m^2 和

14.0 亿 m^2，整体建筑规模实现质的飞跃。然而，各城市在总建筑面积上呈现明显差距，体现了不同的城市定位与发展路径。在居住建筑面积方面，广州、东莞、佛山位列前三（见图 1-5），分别达到 7.0 亿 m^2、5.3 亿 m^2、4.5 亿 m^2。广州作为国家中心城市，凭借强大的人口吸引力与完善的城市配套，其居住建筑面积在大湾区各城市中居首位；东莞和佛山则依托制造业与产业人口集聚优势，在居住建设面积上表现亮眼。在公共建筑面积方面，广州以 3.6 亿 m^2 领跑，深圳、东莞紧随其后，分别为 2.9 亿 m^2、2.0 亿 m^2；其中，深圳凭借科技创新与金融产业优势催生大量商务办公需求，其公共建筑规模稳居前列。

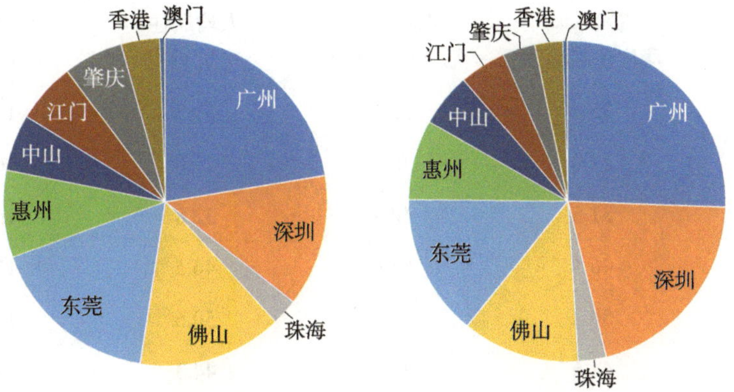

（a）居住建筑面积　　（b）公共建筑面积

图 1-5　2023 年大湾区各城市居住建筑面积与公共建筑面积占比

随着城镇化进程不断加速，居民对居住空间的需求日益多元化，人均居住建筑面积需求呈现显著增长态势。从全球视角来看，人均居住建筑面积与各地区经济发达程度紧密相连，这一规律在众多国家和地区的发展历程中得到了充分印证。欧盟统计局、国际能源署和日本国土交通省等机构的数据库显示，当一个国家或地区步入中等发达阶段，人均地区生产总值在 2 万～4 万美元时，其人均居住建筑面积通常处于 32～45 m^2。在这一阶段，居民不再满足于基本的居住需求，而是更加注重居住环境的舒适性、功能性以及配套设施的完善性。2023 年大湾区人均居住建筑面积为 35.9 m^2/ 人（见表 1-2），恰好处于中等发达国家和地区人均居住建筑面积的合理区间内，表明大湾区在经济发展与住房保障方面取得了显著成效。其中，城镇人均居住建筑面积为 34.1 m^2/ 人，农村人均居住建筑面积达到 50.5 m^2/ 人，一方面得益于农村土地资源相对充裕，居民自建房规模较大，另一方面反映出农村人口密度较低，居住空间更为宽敞。在公共建筑领域，大湾区人均公共建筑面积为 16.1 m^2/ 人，涵盖了办公、商业、教育、医疗等各类公共服务空间，为居民的工作、生活和社会活动提供了坚实的硬件支撑。

表 1-2　2023 年大湾区及各城市人均建筑面积　　单位：m^2/ 人

地区	城镇人均居住建筑面积	农村人均居住建筑面积	人均居住建筑面积	人均公共建筑面积
广州	35.0	52.1	37.3	19.1
深圳	22.8	0.0	22.8	16.2
珠海	31.8	42.9	32.8	16.0
佛山	46.1	55.6	46.5	17.3
东莞	50.2	55.4	50.6	19.2
惠州	42.6	48.8	44.3	18.6
中山	38.0	47.2	39.1	17.0
江门	36.1	44.7	38.8	13.6
肇庆	37.0	53.2	44.6	11.2
香港	15.8	0.0	15.8	5.3
澳门	24.5	0.0	24.5	9.9
大湾区	34.1	50.5	35.9	16.1

1.3 大湾区建筑部门能源消费现状

1.3.1 能源消费总体情况

大湾区城市间的发展水平和城镇化程度差异较大，导致各城市的建筑能耗水平各不相同。如图 1-6 所示，2011—2023 年，大湾区建筑总能耗逐年上升，从 2 421 万 t 标准煤飙升至 4 473 万 t 标准煤，12 年间实现近乎翻倍增长，年均增长率达 5.2%。这一增长趋势不仅反映了大湾区城镇化进程加速、建筑规模持续扩张带来的能源需求激增，更折射了建筑部门能源利用效率亟待提升的现实困境。居住建筑能耗从 2011 年的 1 138 万 t 标准煤增长至 2023 年的 2 179 万 t 标准煤，增幅高达 91%，超过建筑总能耗增长幅度。这背后既有城镇人口持续涌入带来的住房需求扩张，也与居民生活品质提升带

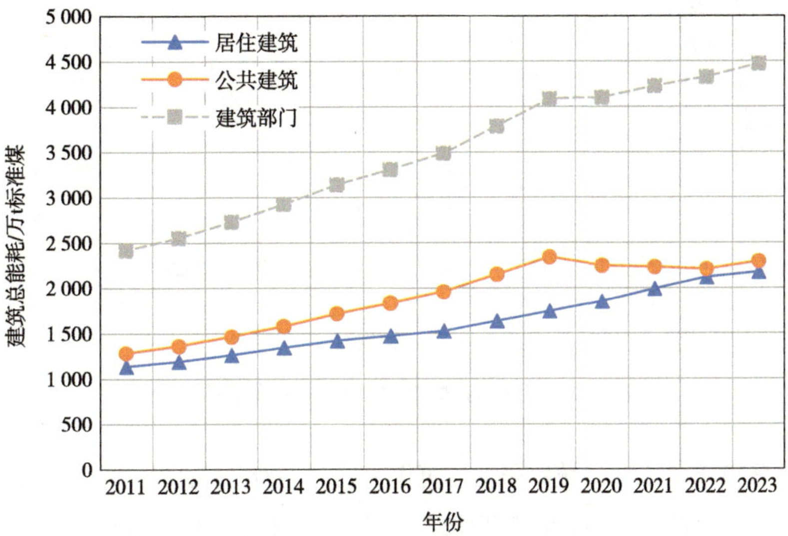

图 1-6 2011—2023 年大湾区建筑总能耗变化趋势

来的家庭电器普及、供暖制冷需求增加密切相关。公共建筑能耗同样不容小觑，从 2011 年的 1 283 万 t 标准煤攀升至 2023 年的 2 294 万 t 标准煤，增长 79%。其中，办公楼、商场、酒店等高能耗公共建筑的快速扩张，以及商业活动、办公设备使用强度的提升，共同推动了公共建筑能耗的持续走高。这组不断攀升的数据，不仅敲响了区域建筑节能的警钟，更对大湾区实现“双碳”目标、探索绿色建筑发展路径提出了迫切要求。

1.3.2 能源消费结构

大湾区建筑部门能源消费以电力为主（见图 1-7）。2023 年数据显示，建筑部门电力能源消费占建筑总能耗的 86%，燃气消费占 14%，凸显了电力在建筑运行中的核心地位。

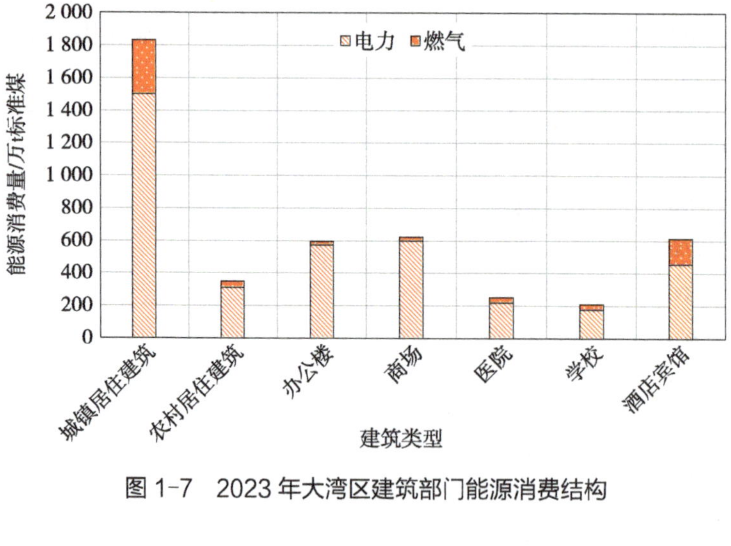

图 1-7 2023 年大湾区建筑部门能源消费结构

从建筑类型来看，城镇居住建筑作为能源消费的“主力军”，电力消费量达 1 500 万 t 标准煤，占大湾区建筑总能耗的 34%。这一现象与城镇人口密集、家庭电器普及度高密切相关，制冷、供暖、照明及家用电器等多场景用电需求叠加，使城镇居住建筑成为电力消耗的核心载体。值得关注的是，农村居住建筑电力消费量仅为 310 万 t 标准煤，虽远低于城镇居住建筑，但考虑农村人口基数与居住面积，其单位面积电力消耗强度不容忽视，从侧面反映出农村生活电气化水平的提升。

在公共建筑领域，办公楼、商场和酒店宾馆能源消费量较高。办公楼电力消费为 574 万 t 标准煤，占大湾区建筑总能耗的 12.8%，大型中央空调系统、办公设备全天候运行，使办公楼成为“耗电大户”；商场电力消费为 599 万 t 标准煤，占大湾区建筑总能耗的 13.4%，除照明、制冷需求外，广告屏、自动扶梯等高能耗设备的广泛应用进一步推高用电负荷；酒店宾馆电力消费为 455 万 t 标准煤，占大湾区建筑总能耗的 10.2%，客房电器、恒温泳池、24 小时热水供应等服务需求持续消耗大量电能。相较之下，医院、学校的电力消费较低，分别为 217 万 t 标准煤和 177 万 t 标准煤，其能源消费更注重稳定性与功能性，如医院的医疗设备供电、学校的基础照明需求。

在燃气消费结构中，城镇居住建筑以 331 万 t 标准煤的消费量占据主导地位，主要用于炊事和生活热水供应。随着管道天然气的推广，天然气在部分新建小区逐步替代罐装液化石油气，这一能源转型趋势在珠三角城市尤为明显。公共建筑中，酒店宾馆燃气消费量达 158 万 t 标准煤，主要用于热水供应与餐饮后厨；办公楼、商场燃气消费较低，分别为 22 万 t 标准煤、25 万 t 标准煤，从侧面反映出其能源消费以电力为主的特征。

从能源消费趋势来看，大湾区多数城市能耗增长主要源于用电量攀升，与建筑规模扩大、生活品质提升及产业活动活跃密切相关。而炊事和生活热水相关的液化石油气用量呈下降趋势，印证了天然气替代战略的推进成效。尽管天然气在建筑能耗中的份额较小且稳定，但随着能源结构优化与基础设施完善，其在建筑用能领域的潜力值得期待。这种能源消费的结构性变化，既体现了大湾区城镇化进程中的能源需求演变，也为建筑节能改造与绿色能源推广指明了方向。

1.3.3 分城市能源消费情况

从大湾区各城市建筑能耗数据来看（见图 1-8、图 1-9），城市间数值差异极为显著。2023 年，广州以 1 081 万 t 标准煤、深圳以 1 020 万 t 标准煤、香港以 601 万 t 标准煤的建筑能耗稳居前三。这三地的建筑能耗总和占大湾区建筑总能耗的 60%，表明其在区域建筑能耗方面的主导地位。广州、深圳、香港、佛山、东莞位列前五，这 5 个城市凭借各自的经济发展态势与城市规模，其建筑能耗总和高达大湾区建筑总能耗的 81%，表明其在区域建筑能耗格局中的关键作用。而排名靠后的澳门、肇庆、珠海，2023 年建筑能耗分别为 65 万 t 标准煤、102 万 t 标准煤、103 万 t 标准煤，与排名靠前的城市形成鲜明对比。

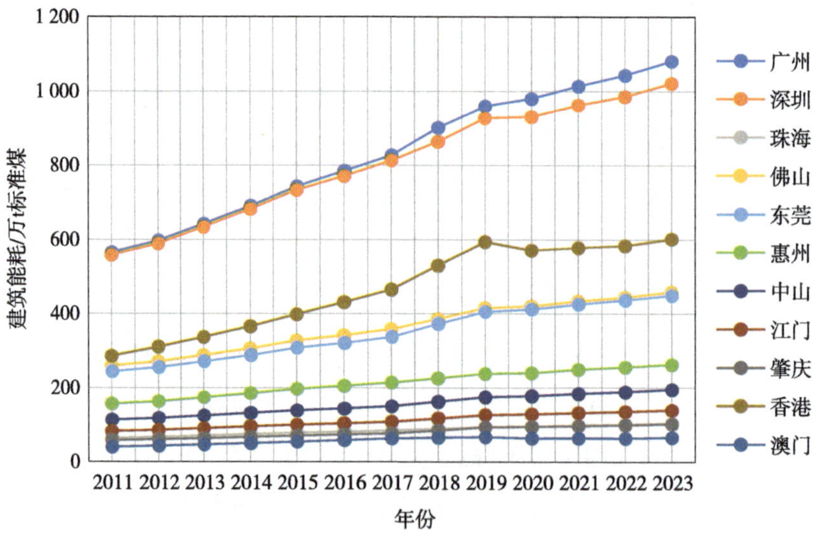

图 1-8　2011—2023 年大湾区各城市建筑能耗趋势

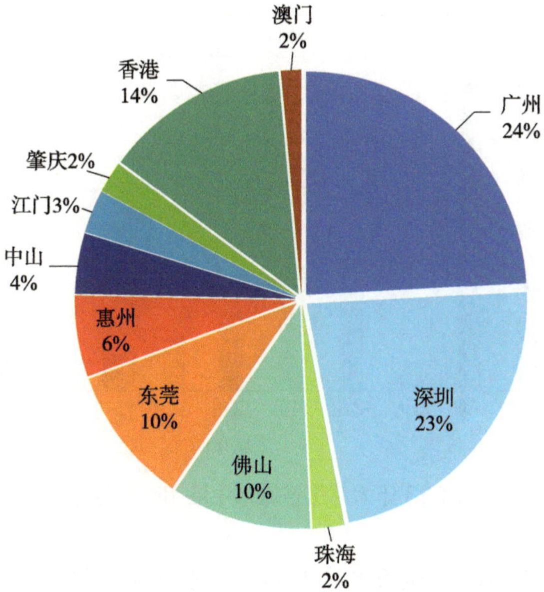

图 1-9　2023 年大湾区各城市建筑能耗占大湾区建筑总能耗比例

在能耗增长速度方面，香港以 6.4% 的年均增速一马当先，展现了较为强劲的能耗增长趋势。广州、深圳、东莞、佛山紧随其后，年均增速分别为 5.5%、5.2%、5.2%、4.9%，呈现出不同程度的增长态势。各城市建筑部门能耗总量差异巨大的根源在于城镇化进程的迅猛推进。随着城市经济和人口规模因经济发展水平提升而不断变化，城市建筑面积也出现较大差异。经济发达、人口密集、城镇化程度高的城市建筑规模大，能源需求自然水涨船高；反之，规模较小、城镇化进程相对缓慢的城市建筑能耗则相对较低。

2023 年大湾区生活用电量为 1 473 亿 kW·h，广州、深圳、香港生活用电量居前三位（见图 1-10），分别为 375 亿 kW·h、333 亿 kW·h、162 亿 kW·h，三地生活用电量总和占大湾区生活总用电量的 59%，表明这 3 个城市在生活用电方面的规模优势，或与其人口规模大、经济活跃度高、居民生活水平高和消费能力强有关。

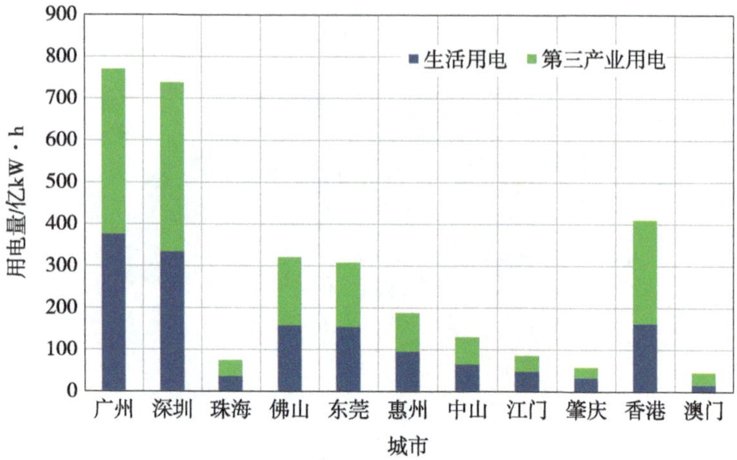

图 1-10　2023 年大湾区各城市生活用电与第三产业用电

第三产业用电情况与城市的产业布局、经济发展模式紧密相关。2023 年大湾区第三产业用电量为 1 645 亿 kW·h，深圳、广州、香港在这方面同样表现突出，第三产业用电量分别为 403 亿 kW·h、394 亿 kW·h、247 亿 kW·h，占大湾区第三产业总用电量的 64%，表明这 3 个城市第三产业发达，商业、服务业、金融业等行业用电需求旺盛，产业结构中第三产业占比较高且发展规模大。而珠海、江门、肇庆等城市第三产业用电量较少，或意味着其第三产业发展程度较低，发展规模有待进一步扩大。

1.3.4　分建筑类型能源消费情况

从大湾区不同建筑类型能耗占比来看，居住建筑与公共建筑形成了较为均衡的态势（见图 1-11），2023 年居住建筑能耗占比为 49%，公共建筑能耗占比为 51%。细分之下，城镇居住建筑能耗在居住建筑能耗中占主导地位，占比高达 41%，这反映了城镇人口密集以及居民生活用能的较高需求。农村居住建筑能耗占比为 8%，这是由于农村相对分散的居住模式、较低的生活用能强度以及相对简单的建筑构造。

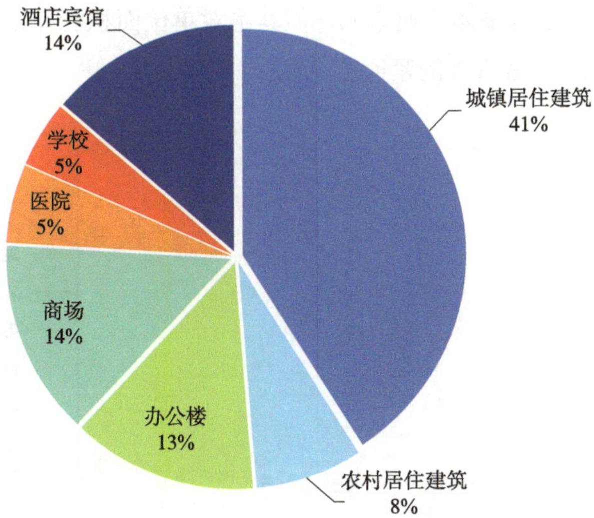

图 1-11　2023 年大湾区不同建筑类型能耗占比

近年来，随着珠三角产业结构的深度优化，第三产业份额稳步攀升，大量写字楼、商业综合体、酒店等公共建筑如雨后春笋般涌现，其配套设施与运营需求使公共建筑能耗占比逐步走高。在公共建筑方面，酒店宾馆、商场和办公楼能耗占比相近，分别为 14%、14% 和 13%。酒店因需维持恒温环境和提供 24 小时热水供应及大量的照明与电器设备运行等，能耗较大；商场则由于大面积的照明、空调系统及众多商铺的电器设备使用，能耗也是居高不下；随着办公自动化程度的提高，电脑、打印机等办公设备及空调、照明等设施持续运行，办公楼也消耗了大量能源。公共建筑能源消费情况不仅体现了大湾区经济结构转型对建筑能耗结构的深刻影响，也为区域能源管理与节能减排工作带来了新的挑战与机遇。

大湾区不同建筑类型单位面积能耗水平呈现显著差异，公共建筑单位面积能耗远高于居住建筑，且用电需求增长成为推动区域总能耗上升的核心因素。根据 2011—2023 年数据统计（见图 1-12），居住建筑单位面积能耗从 43 kW·h/（m^2·a）增至 57 kW·h/（m^2·a），年均增速为 2.4%；公共建筑单位面积能耗则从 104 kW·h/（m^2·a）升至 133 kW·h/（m^2·a），年均增速为

2.1%。尽管公共建筑整体增速略低，但其绝对单位面积能耗始终是居住建筑的 2～3 倍，说明能效管理的紧迫性。

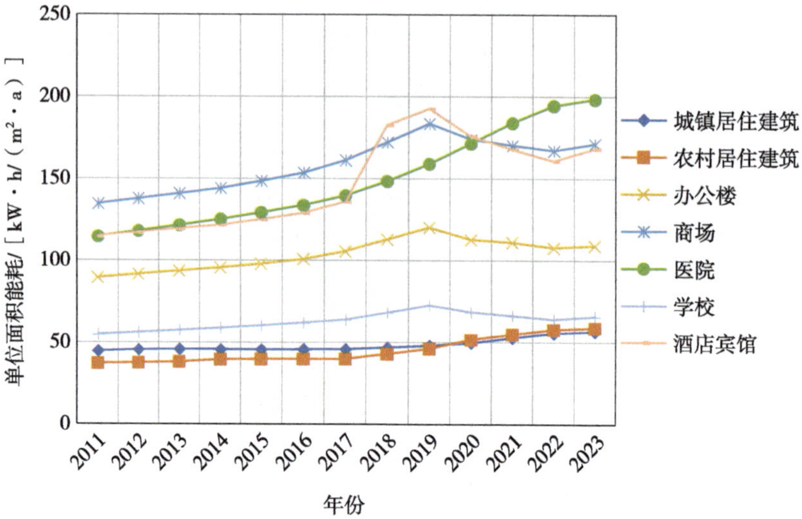

图 1-12　2011—2023 年大湾区不同建筑类型单位面积能耗

细分各类建筑，城镇居住建筑和农村居住建筑单位面积能耗增长平缓，2023 年分别为 57 kW·h/（m^2·a）和 59 kW·h/（m^2·a），较 2011 年分别增长 27% 和 60%，这一增长可能与居民生活水平提升、家电普及率上升相关，但总体仍处于较低区间。商场、医院、酒店宾馆的整体用能水平格外引人关注，商场单位面积能耗从 2011 年的 135 kW·h/（m^2·a）升至 2023 年的 171 kW·h/（m^2·a），医院单位面积能耗从 114 kW·h/（m^2·a）增至 198 kW·h/（m^2·a），酒店宾馆单位面积能耗则从 115 kW·h/（m^2·a）增至 168 kW·h/（m^2·a）。三者年均增速分别为 2.0%、4.7%、3.2%，2023 年单位面积能耗分别达到公共建筑平均水平的 129%、149%、126%，因此这三者需优先纳入重点监管。医院单位面积能耗增加尤为突出，可能与医疗设备高负荷运行及 24 小时服务特性相关。办公楼与学校单位面积能耗增长相对温和，2023 年单位面积能耗分别为 109 kW·h/（m^2·a）和 66 kW·h/（m^2·a），体现出工作日时段性使用的特点。2020 年公共建筑单位面积能耗出现短暂下降，如商场从 2019 年的 183 kW·h/（m^2·a）降至 174 kW·h/（m^2·a），酒店宾馆从 192 kW·h/（m^2·a）降至 176 kW·h/（m^2·a），可能与疫情期间的运营限制有关，到 2023 年限制放开后又逐渐恢复上升趋势。大湾区建筑能耗的结构性矛盾突出，未来需通过技术创新与精细化管理双轨并行，方能实现“双碳”目标下的可持续发展。

大湾区各城市建筑单位面积能耗水平呈现显著分层特征，香港、澳门单位面积能耗较高，深圳、广州次之，其他城市则普遍处于较低水平。这种差异与经济发展模式、人口密度、生活水平及建筑功能定位密切相关。

如图 1-13、图 1-14 所示，香港居住建筑单位面积能耗从 2011 年的 64 kW·h/（m^2·a）激增至 2023 年的 178 kW·h/（m^2·a），年均增速为 8.9%；公共建筑单位面积能耗长期处于 443～829 kW·h/（m^2·a），远超大湾区均值［123 kW·h/（m^2·a）］。高密度城市形态、24 小时商业运营模式（如商场、酒店）、中央空调系统全覆盖是其主因。澳门的居住建筑单位面积能耗和公共建筑单位面积能耗也在逐年上升，2023 年分别达到 113 kW·h/（m^2·a）和 513 kW·h/（m^2·a），年均增速分别为 7.5% 和 2.2%。旅游业驱动的酒店、娱

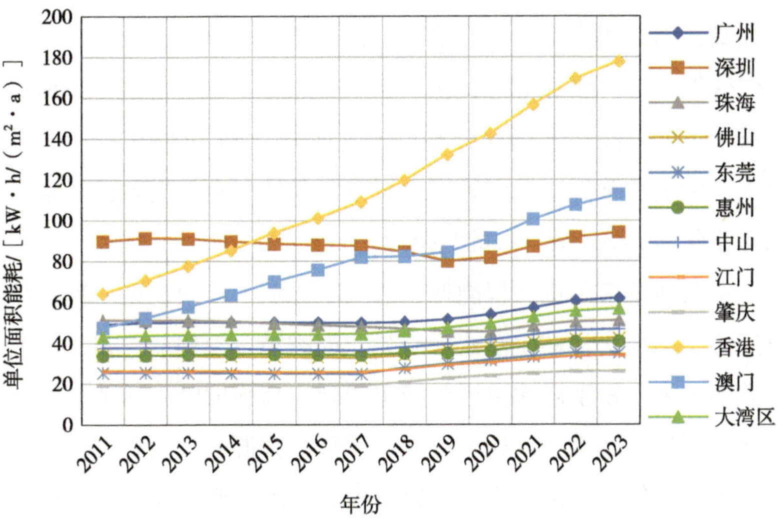

图 1-13　2011—2023 年大湾区及各城市居住建筑单位面积能耗

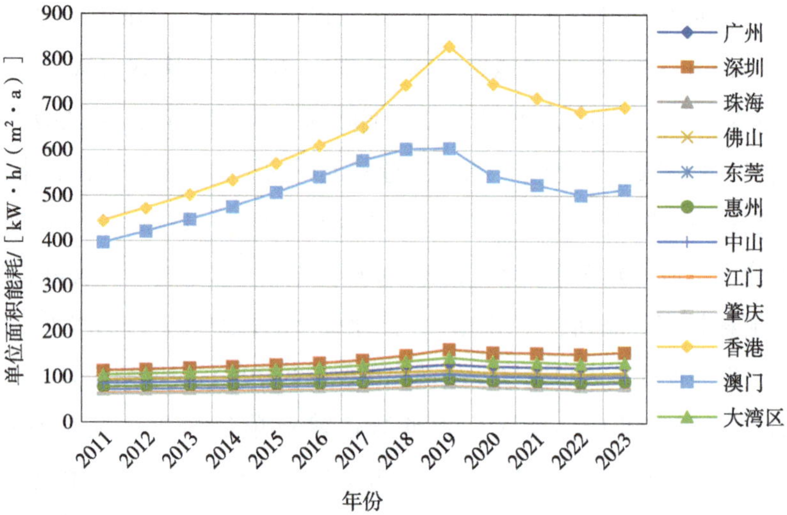

图 1-14　2011—2023 年大湾区及各城市公共建筑单位面积能耗

乐设施高负荷运行，叠加狭小地理空间内的能源密集业态，导致能耗居高不下。由于经济发展水平和居民生活水平较高，广州和深圳的建筑单位面积能耗也一直高于珠三角其他城市，其中深圳 2023 年居住建筑单位面积能耗为 94 kW·h/（m^2·a），公共建筑单位面积能耗为 155 kWh/（m^2·a），均为珠三角城市最高，因其作为科技与经济中心，超高层写字楼、数据中心及大型商业综合体密集分布，推高能耗基数。而广州 2023 年居住建筑单位面积能耗与公共建筑单位面积能耗分别为 62 kW·h/（m^2·a）与 123 kW·h/（m^2·a），虽低于深圳，但仍显著高于佛山等周边城市，老城区建筑能效偏低与新兴商务区高能耗并存，反映能效升级的复杂性。

珠三角其他城市单位面积能耗普遍低于深圳、广州，这一现象从某种程度上可归因于当地居民的生活水平差异，即香港、澳门、广州、深圳人均地区生产总值与人口密度居大湾区各城市前列，高强度经济活动与密集人口产生大量高能耗建筑需求。例如，香港中环写字楼群单位面积能耗可达普通办公楼的 3 倍。此外，建筑功能也差异明显，香港、澳门及广州、深圳公共建筑中，商场、酒店宾馆、医院占比高，2023 年香港商场单位面积能耗达大湾区均值的 3.7 倍；而肇庆、江门等城市的公共建筑以学校、社区服务中心为主，单位面积能耗自然偏低。

1.4 大湾区建筑部门碳排放现状

1.4.1 碳排放总体情况

2011—2023 年，大湾区建筑部门碳排放总量总体呈波动上升趋势，2023 年达到 14 488 万 t CO_2，较 2011 年增长了 29%，年均增速 2.1%（见图 1-15），其中居住建筑与公共建筑碳排放量占比分别为 48% 和 52%，两者增速分化明显，反映出建筑功能与政策干预的差异化影响。

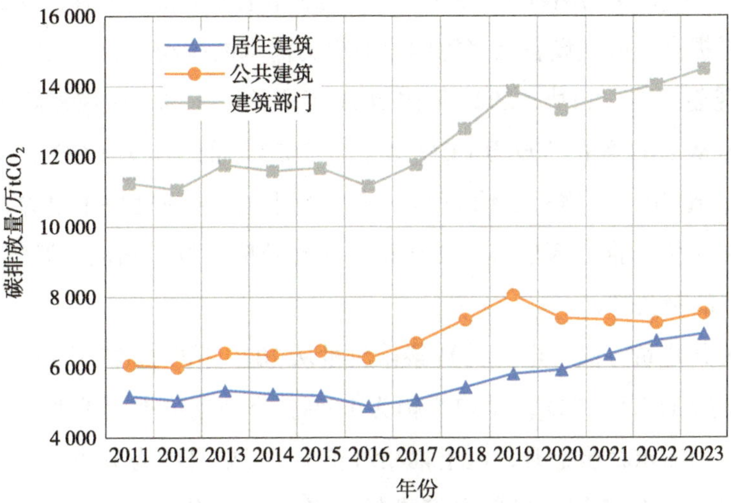

图 1-15 2011—2023 年大湾区建筑部门碳排放量变化趋势

居住建筑碳排放量从 2011 年的 5 172 万 t CO_2 增至 2023 年的 6 947 万 t CO_2，共增长 34.3%，年均增速为 2.5%，高于公共建筑碳排放量（1.8%）及建筑部门总排放量的增速（2.1%）。2016 年碳排放量短暂下降至 4 888 万 t CO_2（同比降幅为 5.8%），可能与绿色建筑标准推广或城镇化速度放缓相关，但随后快速反弹，表明刚性需求难以抑制。2020 年受疫情影响，很多人居家办公，居住建筑用能增加，相应公共建筑减少了能源消耗。公共建筑碳排放量从 2011 年的 6 072 万 t CO_2 增至 2023 年的 7 541 万 t CO_2，共增长 24.2%，年均增速为 1.8%，低于居住建筑。2020 年排放量骤降 8.2%，主要原因为商业活动暂停与公共设施限流；2021 年后逐步恢复，2023 年达 7 541 万 t CO_2，接近 2019 年水平。

1.4.2 碳排放结构

2011—2023 年，大湾区建筑部门碳排放结构中电力始终占主导地位。居住建筑电力消费碳排放量从 2011 年的 4 863 万 t CO_2 增长到 2023 年的 6 371 万 t CO_2，年均增幅为 2.3%。居住建筑用电需求持续上升，反映了居民生活水平提高、电气设备增多等因素对电力需求的拉动。居住建筑电力碳排放量呈现逐年增长趋势，2023 年比 2011 年增长了 31%。居住建筑燃气消费碳排放量从 2011 年的 309 万 t CO_2 增长到 2023 年的 576 万 t CO_2，年均增幅为 5.3%，比 2011 年增长了约 86%。燃气使用量增长速度快于电力，可能是因为各城市大力推广天然气，在城镇居住建筑应用场景拓展，燃气热水器、燃气灶具的普及等。

在公共建筑方面，电力消费碳排放量从 2011 年的 5 827 万 t CO_2 增长到 2023 年的 7 117 万 t CO_2，年均增幅为 1.7%。公共建筑规模扩大、功能多样化导致电力需求稳步上升，但增幅相对较小，可能是因为节能技术在公共建筑领域逐步推广应用。燃气消费碳排放量从 2011 年的 246 万 t CO_2 增长到 2023 年的 424 万 t CO_2，年均增幅为 4.6%。公共建筑中燃气的使用增长也较为明显，或与餐饮等商业用气需求增加有关。

建筑部门整体电力消费碳排放量从 2011 年的 10 690 万 t CO_2 增长到

2023 年的 13 488 万 t CO_2，年均增幅为 2.0%，共增长约 26%。电力消费碳排放占比一直维持在 90% 以上，电力消费是建筑部门碳排放的主要来源。燃气消费碳排放量从 2011 年的 555 万 t CO_2 增长到 2023 年的 1 000 万 t CO_2，年均增幅为 5.0%。燃气消费碳排放占比虽小，但增长态势显著，燃气消费碳排放量在建筑部门碳排放量中的比重从 2011 年的约 5% 上升到 2023 年的约 7%。从图 1-16 可以看出，2011—2023 年大湾区建筑部门电力消费碳排放量在建筑部门碳排放量中的占比基本稳定在 93%～95%，燃气消费碳排放占比在 5%～7%，这表明建筑部门能源消耗以电力为主、燃气为辅，且这种结构在过去十几年间没有发生根本性改变，但燃气的占比呈缓慢上升趋势。

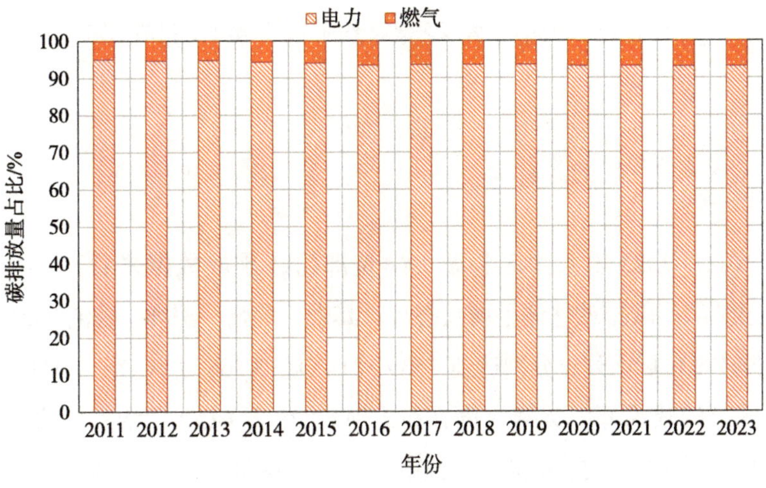

图 1-16　2011—2023 年大湾区建筑部门碳排放结构

到 2023 年，大湾区建筑部门电力消费碳排放量占建筑部门碳排放量的 93%，燃气消费碳排放量的占比为 7%；居住建筑电力消费碳排放量和燃气消费碳排放量分别占建筑部门碳排放量的 44% 和 4%（见图 1-17）；公共建筑电力消费碳排放量和燃气消费碳排放量分别占建筑部门碳排放量的 49% 和 3%，其中，以商场、办公楼和酒店宾馆电力消费的碳排放占比最高，分别占建筑部门碳排放量的 15%、14% 和 11%。

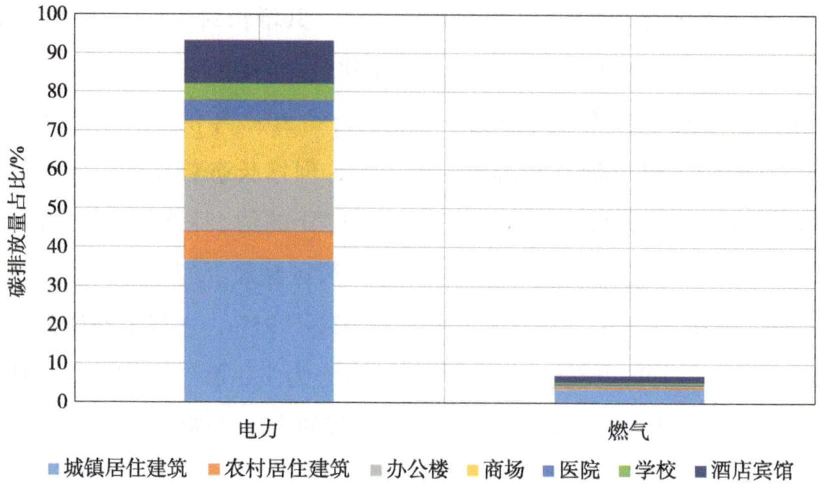

图 1-17　2023 年大湾区建筑部门分建筑类型碳排放结构

1.4.3　分城市碳排放情况

从 2011—2023 年大湾区各城市建筑部门碳排放数据来看（见图 1-18），各城市建筑部门碳排放整体呈增长态势。其中，广州、深圳、香港 2023 年建筑部门碳排放量位居前列，分别达到 3 539 万 t CO_2、3 366 万 t CO_2、1 923 万 t CO_2，这 3 个城市的建筑部门碳排放量总和达到 8 828 万 t CO_2，约占大湾区建筑部门碳排放量的 61%。排名前五的城市（广州、深圳、香港、佛山、东莞）的建筑部门碳排放量总和为 11 751 万 t CO_2，占比高达 81%，凸显大湾区建筑部门碳排放高度集中于核心城市。其中，广州、深圳作为经济与人口核心区，庞大的建筑体量和高强度能源消耗是主因。例如，广州 2011—2023 年建筑部门碳排放量增长 33%，年均增速为 2.4%，与其城市扩张（如南沙新区、知识城开发）和商业建筑密度提升密切相关。香港虽面积有限，但其年均增速（3.1%）为大湾区最高，与其高密度建筑群、老旧建筑改造及制冷需求激增有关。而建筑部门碳排放量排名中居后三位的珠海、肇庆、澳门，2023 年建筑部门碳排放量相对较低，分别为 338 万 t CO_2、295 万 t CO_2、211 万 t CO_2，建筑部门碳排放量总和仅占大湾区建筑部门碳排放量的 5.8%，与其较小的经济体量和人口规模一致。但需注意，澳门 2019 年后的建筑部门碳排放量波动明显（如 2020 年与 2019 年相比骤降 9%），可能与旅游业受疫情影响而波动和政策调控有关。

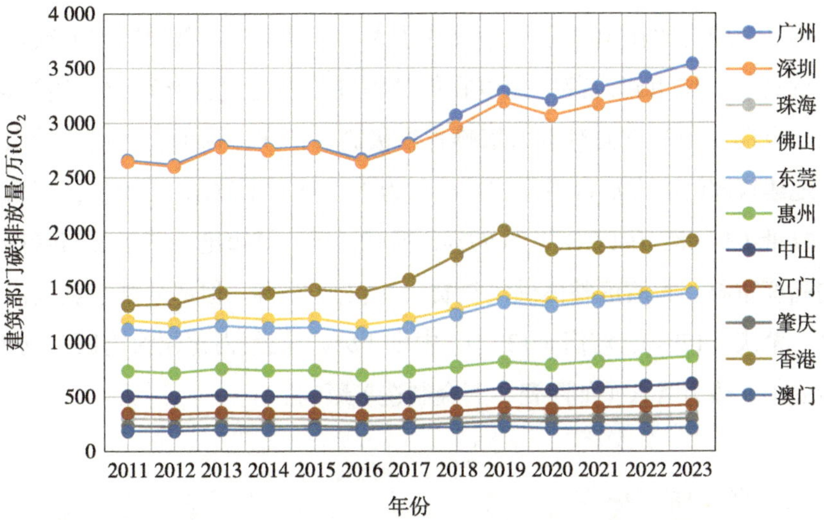

图 1-18　2011—2023 年大湾区各城市建筑部门碳排放量趋势

经深入分析可知，建筑部门碳排放量与多因素相关。总建筑面积与碳排放量呈强正相关，如东莞（年均增速为 2.2%）和佛山（年均增速为 1.8%）作为制造业基地，工业园区和配套住宅的快速建设推动碳排放量持续增长。2023 年东莞建筑部门碳排放量较 2011 年增长 30%，同期其常住人口增加约 19.6%，印证了城镇化对建筑能耗的驱动作用。建筑能耗标准和技术水平也起关键作用。节能技术落后、能耗标准宽松的建筑单位面积碳排放量更高。深圳通过推广绿色建筑标准（如《深圳经济特区绿色建筑条例》），单位面积碳排放量增速低于广州，表明技术升级对减排的积极作用。香港尽管经济发达，但旧式商厦占比高［截至 2025 年 5 月，近一半（44%）的甲级写字楼楼龄超

30 年[①]]，能效改造滞后导致其单位面积碳排放量高于新兴城市。高收入群体对恒温空调、智能家居等舒适性需求的提升，增加了建筑能耗。例如，澳门、香港 2023 年人均建筑碳排放量达 3.1 t CO_2/ 人、2.6 t CO_2/ 人，远超江门（0.87 t CO_2/ 人）和肇庆（0.72 t CO_2/ 人），反映经济水平与碳排放强度的正相关性。

从数据来看，2023 年大湾区各城市建筑部门碳排放结构中，电力消费占比普遍较高，均超过 80%（见图 1-19）；多数城市电力消费占比在 90% 以上，燃气消费占比在 10% 以下，反映了大湾区城市建筑部门能源消耗以电力为主的特征。城市建筑部门用电在能源消耗中占绝对主导地位，建筑运行、照明、电器使用等方面对电力依赖程度极高。广州、深圳、香港、佛山、东莞五地建筑部门电力消费碳排放量总和为 11 095 万 t CO_2，占大湾区建筑部门碳排放量（14 488 万 t CO_2）的 77%，反映了核心城市电力依赖度与碳排放贡献的高度重叠。大湾区整体燃气消费占比仅为 7.3%，但部分城市燃气依赖度较高。肇庆（17%）、江门（13%）、中山（9%）燃气占比超大湾区平均水平，可能受工业热力需求（如陶瓷、五金制造）影响。

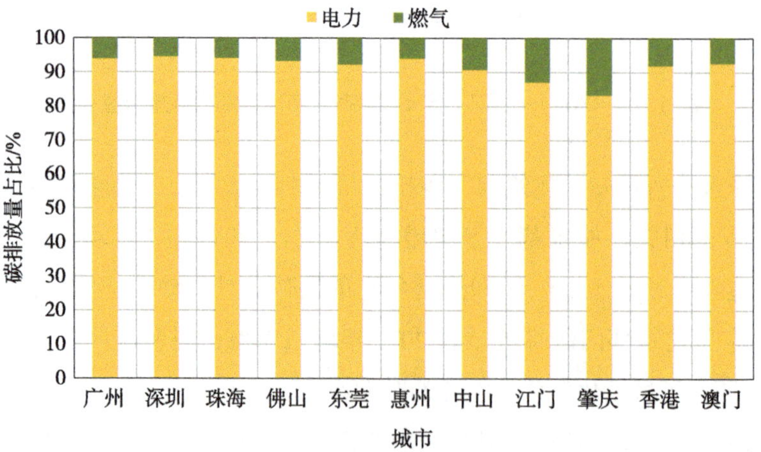

图 1-19　2023 年大湾区各城市建筑部门碳排放结构

① 来自：新浪财经，2025-05-26，《仲量联行：香港甲级写字楼楼龄老化 2035 年五分之一或面临淘汰》，https: //cj.sina.com.cn/articles/view/1644983660/620c756c02001ndyc。

1.4.4 分建筑类型碳排放情况

从图 1-20 可以看出，大湾区不同类型建筑的碳排放量增速虽有差异，但占比情况相对稳定。公共建筑、城镇居住建筑和农村居住建筑的碳排放量占比近似呈现“5∶4∶1”的格局，其中城镇居住建筑占比略小于公共建筑占比。2023 年，这种占比特征更为清晰，公共建筑、城镇居住建筑和农村居住建筑的碳排放量分别为 7 541 万 t CO_2、5 798 万 t CO_2 和 1 149 万 t CO_2，占建筑部门碳排放量的比例分别为 52%、40% 和 8%。

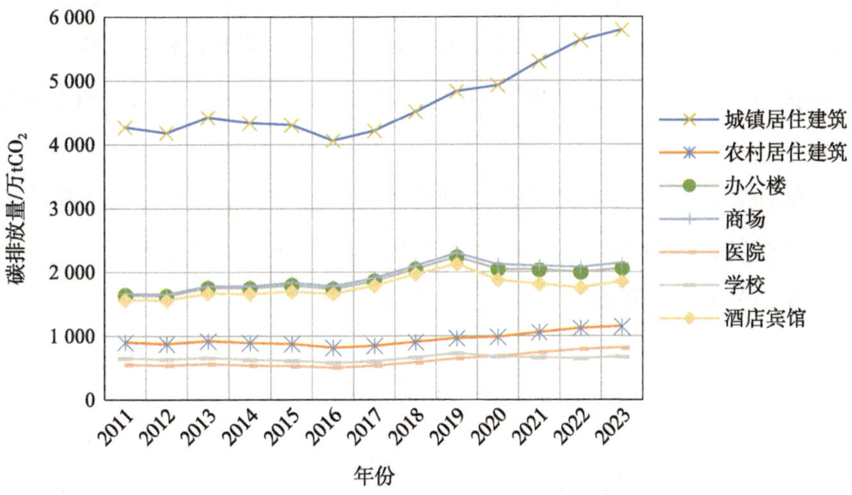

图 1-20 2011—2023 年大湾区不同类型建筑碳排放量

2011—2019 年，公共建筑碳排放量呈稳步上升态势。以办公楼为例，2011 年碳排放量为 1 639 万 t CO_2，到 2019 年增长至 2 243 万 t CO_2；又如商场，2011 年碳排放量为 1 665 万 t CO_2，2019 年达 2 305 万 t CO_2。这一时期随着大湾区城镇化和经济发展，商业活动繁荣、教育及医疗需求增长，推动公共建筑规模扩大与能耗增加。受疫情影响，2020 年后的公共建筑碳排放量发展趋势出现变化。2020 年办公楼、商场等场所因封锁、人流减少，能耗降低，碳排放量相比 2019 年有所下降。如办公楼 2020 年碳排放量为 2 043 万 t CO_2，商场为 2 120 万 t CO_2。尽管后续随着防控政策调整有所回升，但 2023 年办公楼碳排放量为 2 054 万 t CO_2、商场为 2 146 万 t CO_2，仍未恢复至 2019 年水平。

2011—2023 年，城镇居住建筑碳排放量持续增长，2011 年为 4 270 万 t CO_2，2023 年升至 5 798 万 t CO_2，年均增速达 2.6%。疫情期间，人们更多时间居家，电器使用频率提高、照明时长增长等使居住建筑能耗上升，碳排放量进一步增长。如 2020 年城镇居住建筑碳排放量为 4 931 万 t，较 2019 年有所增加，这一趋势在 2021—2023 年持续，反映了居住模式改变对建筑能耗的显著影响。农村居住建筑碳排放量相对较小，但也呈增长趋势，2011 年为 901 万 t CO_2，2023 年达 1 149 万 t CO_2，年均增速为 2.0%。随着大湾区农村地区生活水平提高，居民对居住舒适度要求提升，取暖、制冷设备使用增多，推动了碳排放量的增长。

总体而言，大湾区不同建筑类型碳排放量在过去十几年间呈现整体变化趋势，又受特殊事件影响呈现阶段性变化。深入分析这些情况，对制定有针对性的建筑节能与减排策略意义重大。

1.5 大湾区建筑部门碳中和面临的问题与挑战

由于经济的快速发展和人口的持续增长，大湾区不可避免地面临能源供应约束趋紧等难题。住房需求的急剧增长和生活水平的提高推动了建筑存量的持续增长，进而推动了建筑能耗的显著增加。建筑运行用能的能源转型与减排成为大湾区实现碳达峰碳中和的关键一环，提高建筑的能源效率对缓解大湾区的能源供应压力、建设能源安全保障体系等具有重要意义。从减碳技术角度看，尽管建筑运行用能不属于 CO_2 难减排领域，但实现碳中和目标仍然面临极大挑战，主要表现在以下几个方面。

1.5.1 建筑规模扩大与能耗增长的连锁反应

大湾区的城镇化进程一直保持高速发展的态势，城镇化率从 2011 年的 85% 跃升至 2023 年的 89%，城镇常住人口增加约 2 172 万人。很大程度上推动了城镇居住建筑面积和公共建筑面积迅猛增加，2011—2023 年城镇居住建筑面积年均增长 3.6%，公共建筑面积年均增长 2.8%。庞大的既有建筑存量与每年新增建筑面积使建筑能耗基数大且不断上升。从热力学角度看，建筑面积增加，建筑围护结构散热（或吸热）面积就会增大，在维持室内热环境稳定时，空调、供暖等系统能耗必然增加。同时，建筑内的设备（如照明灯具、电梯等）数量也会随面积增加而增多，这些都加剧了建筑能耗与碳排放。

建筑面积增加引发的能耗增长，形成了能源需求与碳排放的连锁反应。一方面，能源需求的增加对大湾区能源供应系统造成巨大压力，能源供应的稳定性与可靠性面临挑战。另一方面，在以传统能源为主的能源供应结构下，建筑能耗增长直接导致碳排放量增加，与碳中和目标背道而驰。例如，电力供应中煤炭发电占一定比例，建筑用电增加意味着更多煤炭燃烧，碳排放量随之增多。

1.5.2 能耗需求刚性增长与能源结构矛盾突出

随着大湾区经济发展与居民生活水平提高，人们对生活环境舒适度的要求也在不断提升，空调、生活热水、家用电器等终端需求不断增强，建筑部门能耗需求呈现刚性增长态势。从能源消费终端角度分析，居民对空调温度设定的降低（夏季）或升高（冬季）、生活热水使用量的增加、新型电器设备的普及等都在持续拉高建筑能耗。以空调为例，根据能源需求弹性理论，在夏季高温或冬季低温时段，人们对空调的需求弹性较小，即使电价上涨，为保证舒适度，空调使用时间和强度也不会大幅降低，从而导致能耗持续上升。

当前大湾区能源供应结构中，煤炭、天然气等传统化石能源仍占一定比例。在建筑部门能源消费快速增长的情况下，能源结构清洁低碳转型滞后，使建筑运行碳排放难以得到有效控制。当建筑用电依赖火电时，煤炭燃烧产生的 CO_2 排放量大。而且建筑供热、炊事等环节若使用天然气，大量天然气燃烧也会释放大量 CO_2。这种能源结构与建筑能耗需求增长的矛盾，严重阻碍了大湾区建筑部门碳中和目标的实现。

1.5.3 精细化管理体系缺失与数据基础薄弱

大湾区建筑类型复杂多样，涵盖大型商业综合体、高层写字楼、老旧小区住宅等多种形态，复杂的建筑类型给精细化管理带来诸多难题。对于公共建筑，大部分尚未被纳入建筑能耗限额管理范畴，缺乏有效的用能约束机制。以酒店宾馆、商场为例，其为营造舒适环境以吸引顾客，可能过度使用空调、照明等设备，导致能源浪费。根据建筑能源管理理论，缺乏能耗限额管理就无法对建筑用能进行精准调控。对于居住建筑，依赖居民个人节能意识难以实现有效节能管理。居民行为节能具有分散性和不确定性，难以形成规模化、系统化的节能效果。例如，不同居民的节能习惯差异大，部分居民缺乏节能意识，使居住建筑节能管理难以统一推进。

在能耗数据统计收集方面，现状同样不容乐观。大部分 2 万 m^2 以下的公共建筑以及居民建筑未开展系统的能耗数据统计，缺乏科学准确的建筑能耗数据统计体系。从数据统计学角度看，样本缺失导致难以准确推断总体建筑能耗情况。此外，建筑存量面积统计数据不完整，在制定建筑节能政策、规划能源供应等方面缺乏关键数据支撑。同时，不同建筑类型的能耗统计方法不统一，无法进行有效对比分析。例如，住宅建筑注重日常用电、用水能耗统计，工业厂房更关注生产设备能耗，统计参数和方法差异大，导致能耗数据缺乏可比性，严重制约建筑精细化管理与节能决策制定。

1.5.4 近零能耗建筑推广面临多重“瓶颈”

长期以来，大湾区建筑行业的重点业务集中在规模化建设上，以满足人口增长带来的居住和基础设施需求。面对碳达峰、碳中和目标，行业内对发展近零能耗建筑尚未形成统一且深刻的认知。从行业发展理念角度分析，传统建筑建设思维根深蒂固，注重建设速度、成本控制和基本功能实现，对建筑全生命周期碳排放关注不足。近零能耗建筑要求从设计源头考虑节能减碳，这与传统思维产生冲突，需要行业内从开发商、设计师到施工方等各参与主体转变观念，认识到近零能耗建筑对可持续发展的重要性，而这一观念转变过程面临诸多阻力。

近零能耗建筑建设是对传统建筑的革命性升级，要求建筑在设计、材料选择、施工工艺等诸多方面都必须符合更高的标准。从技术层面分析，在建筑设计方面，需运用高效的建筑热工设计方法，精确计算建筑围护结构热工性能，优化建筑朝向、体型系数等，以减少热量传递。在材料选择方面，高性能保温隔热材料、低辐射镀膜玻璃等虽节能效果好，但成本高昂，且施工工艺要求极高，如高气密性施工，任何细微缝隙都会影响节能效果，目前施工队伍在相关工艺技能上普遍有待提升。在人才方面，缺乏熟悉近零能耗建筑理念和技术的专业人才，从设计到施工再到运营维护各环节都存在人才缺口。在产业发展方面，近零能耗建筑上下游产业不成熟，从材料生产标准不统一到后期维护保养缺乏规范流程都制约着近零能耗建筑的大规模推广。从成本效益角度分析，近零能耗建筑前期建设成本大幅增加，而其节能收益在短期内难以覆盖成本，使开发商和业主对投资建设近零能耗建筑积极性不高。

第2章

粤港澳大湾区建筑部门碳中和目标和情景研究方法

2.1 大湾区建筑部门碳中和目标

2.1.1 大湾区建筑部门碳中和总体目标与核心愿景

大湾区建筑部门致力于2060年实现碳中和，打造宜居宜业的绿色建筑生态系统。届时，将全面实现建筑能效的极致提升，能源利用方式全面转向清洁低碳，形成高效、清洁、低碳、智能的建筑能源利用典范。建筑不仅为居民提供舒适健康的室内环境，满足工作、生活等多样化需求，还能与周边环境和谐共生，减少对自然资源的依赖和对生态环境的影响，成为大湾区可持续发展的重要支撑。

2.1.2 大湾区建筑部门碳中和实施方向

（1）建筑面积合理增长与品质提升

精准规划增长：综合考虑大湾区人口增长趋势、经济发展需求以及土地资源承载能力，科学制定建筑长期发展规划。到2060年，在保障居民生活品质和满足产业发展的前提下，合理控制建筑面积的增长速度，确保建筑增量与城市空间布局、基础设施建设相协调，避免过度建设和资源浪费。

优化建筑功能布局：根据不同区域的功能定位和需求特点，优化建筑的空间分布。在城市中心区域，提高建筑的复合利用程度，融合商业、办公、居住等多种功能，减少通勤距离，提高能源利用效率；在生态敏感区域，严格限制建筑开发强度，注重保护自然生态系统，打造与自然融合的生态建筑，实现建筑与环境的有机统一。

提升建筑品质：在实现建筑增量的同时，注重建筑品质的提升。严格执行绿色建筑标准，从建筑材料选择、施工工艺到运营管理，全方位保障建筑的环保性能和舒适度。推广智能化建筑管理系统，实现建筑设备的自动化调控和能源的精细化管理，为居民提供健康、舒适、便捷的建筑环境。

（2）建筑能效的全面突破

超低能耗建筑普及：以国际领先水平为目标，大力推广超低能耗建筑。通过先进的保温隔热技术、高效的门窗系统、自然通风与采光设计等措施，大幅降低建筑的供暖、制冷和照明需求。到 2060 年，新建建筑全面按照超低能耗标准设计建造，使大湾区建筑能耗水平在全球处于领先地位。

被动式建筑技术深化应用：进一步深化被动式建筑技术的研发与应用，提高建筑的气密性和保温性能，充分利用太阳能、风能等自然能源，实现建筑的自调节和节能。加强被动式建筑与当地气候条件的适配性研究，开发适合大湾区不同地区气候特点的被动式建筑解决方案，确保建筑在全年不同季节都能保持舒适的室内环境，同时最大限度地减少能源消耗。

智能能效管理系统集成：构建建筑智能能效管理平台，集成先进的传感器技术、数据分析算法和自动化控制系统。实时监测建筑的能源消耗情况，对设备运行状态进行智能诊断和优化调控，实现能源的精准分配和高效利用。通过智能能效管理系统挖掘建筑节能潜力，为建筑能效的持续提升提供有力保障。

（3）能源利用的清洁低碳转型

建筑全面电气化：加速建筑领域的电气化进程，到 2060 年建筑终端用能基本实现电气化。推广高效节能的电加热设备、电动热水系统和电气化烹饪设备，逐步淘汰传统燃油、燃气设备。加强电网基础设施建设，提高供电可靠性和稳定性，保障建筑电气化的能源供应需求，为建筑提供清洁、高效的电力能源。

可再生能源深度整合：大规模开发利用太阳能、风能、地热能等可再生能源，将其深度整合到建筑能源供应体系中。在建筑屋顶、立面等合适位置安装太阳能光伏板和太阳能热水器，实现太阳能的就地收集和利用；在沿海地区和有风力资源的区域建设风力发电设施，为周边建筑提供清洁能源；开发利用浅层地热能，采用地源热泵技术为建筑提供供暖和制冷服务。到 2060 年，可再生能源在建筑能源消费中的占比达到 60% 以上，成为建筑能源的主要来源。

零碳建筑和零碳社区示范推广：积极开展零碳建筑和零碳社区的示范项

目建设，探索建筑碳中和的实现路径和模式。在示范项目中，综合应用超低能耗技术、可再生能源利用技术、碳捕集与封存技术等多种手段，实现建筑全生命周期的碳排放平衡。通过示范项目的引领作用，总结经验，逐步推广零碳建筑和零碳社区建设模式，到 2060 年在大湾区形成一批具有国际影响力的零碳建筑和零碳社区集群，为全球建筑碳中和提供“大湾区样板”。

（4）建筑全生命周期的绿色转型

绿色建材的广泛应用：从建筑材料的生产环节入手，推动建材产业的绿色低碳转型。研发和推广使用高性能、低能耗、无污染的绿色建材，如新型保温材料、节能玻璃、可再生建筑材料等。建立绿色建材认证和评价体系，加强对绿色建材生产、使用过程的监管，确保绿色建材的质量和环保性能。到 2060 年，建筑部门将全面普及绿色建材，通过材料端的全流程低碳化，从建筑生命周期起点遏制碳排放。

建筑工业化与装配式建筑发展：大力推广建筑工业化模式，发展装配式建筑。通过标准化设计、工厂化生产、装配化施工和一体化装修，提高建筑生产效率和质量，减少施工现场的能源消耗和废弃物排放。到 2060 年，装配式建筑占新建建筑的比例超过 80%，实现建筑建造方式的根本性转变，为建筑全生命周期的绿色低碳发展奠定基础。

既有建筑绿色改造与功能提升：加强对既有建筑的绿色改造，制定科学合理的改造计划和标准。采用节能门窗更换、外墙保温加固、设备系统升级等措施，提高既有建筑的能效水平和舒适度。同时，注重既有建筑的功能提升，结合城市更新和老旧小区改造，完善建筑的公共服务设施和配套设施，提高建筑的适应性和生命力，延长建筑使用寿命，减少建筑拆除重建带来的碳排放。

（5）技术创新与人才培养

建筑节能技术研发投入：加大在建筑节能领域的科研投入，鼓励高校、科研机构和企业开展产学研合作。重点研发高效保温隔热材料、新型节能设备、智能能源管理系统等关键技术，突破建筑能效提升的技术“瓶颈”。设立专项科研基金，支持建筑节能技术的创新研究和应用示范，提高大湾区在建筑节能领域的自主创新能力。

跨学科人才培养体系构建：构建建筑、能源、环境、信息等多学科交叉融合的人才培养体系，培养一批既懂建筑设计，又熟悉能源技术、信息技术的复合型人才。加强高校相关专业建设，优化课程设置，注重实践教学环节，提高人才培养质量。同时，开展在职人员培训和继续教育，提升建筑行业从业人员的碳中和技术和管理能力，为大湾区建筑部门碳中和目标的实现提供人才支撑。

国际合作与技术交流：积极开展国际交流与合作，与国际先进地区和科研机构建立长期稳定的合作关系。引进国外先进的建筑节能技术、理念和经验，促进大湾区建筑节能技术的更新换代。同时，推动大湾区建筑领域的技术创新成果走向国际，提升大湾区在全球建筑碳中和领域的影响力与话语权。

2.2 大湾区建筑部门碳中和情景研究方法

2.2.1 大湾区建筑部门能源消费计算方法

本研究采用自下而上的分解分析法，基于建筑类型与能耗驱动因子的关联性，构建核心计算模型。

（1）总建筑能耗计算

$$E_{总}=\sum(A_i\times e_i)\times K\times 10^{-3} \quad (2\text{-}1)$$

式中：$E_{总}$——总建筑能耗，万 t 标准煤 /a；

A_i——第 i 类建筑的总面积，万 m^2；

e_i——第 i 类建筑的单位面积能耗，$kW\cdot h/(m^2\cdot a)$；

K——单位转换系数，0.122 9 kg 标准煤 /（$kW\cdot h$）；

i——建筑类型分类（如城镇居住建筑、农村居住建筑、公共建筑）。

该公式基于建筑整体规模与单位面积能耗的乘积来确定总能耗，是进行建筑能耗评估的基础模型。

（2）分类建筑能耗计算

1）居住建筑能耗

$$E_{居住}=P\times a_r\times e_r\times K\times 10^{-3} \quad (2\text{-}2)$$

式中：$E_{居住}$——居住建筑能耗，万 t 标准煤 /a；

P——人口规模，万人；

a_r——人均居住建筑面积，m^2/ 人；

e_r——居住建筑单位面积能耗，kW · h/（m^2 · a）；

K——单位转换系数，0.122 9 kg 标准煤 /（kW · h）。

式（2-2）将居住建筑能耗与人口规模紧密关联，考虑人均居住建筑面积是衡量居住条件的重要指标，且该指标在不同地区、不同发展阶段存在差异，通过人口规模与人均居住建筑面积的乘积得到居住建筑总面积，再乘以居住建筑单位面积能耗，计算居住建筑能耗。

2）公共建筑能耗

$$E_{公共}=P\times a_p\times e_p\times K\times 10^{-3} \quad (2\text{-}3)$$

式中：$E_{公共}$——公共建筑能耗，万 t 标准煤 /a；

P——人口规模，万人；

a_p——人均公共建筑面积，m^2/ 人；

e_p——公共建筑单位面积能耗，kW · h/（m^2 · a）；

K——单位转换系数，0.122 9 kg 标准煤 /（kW · h）。

公共建筑能耗计算引入人口规模及人均公共建筑面积指标，反映公共建筑在满足公共服务需求过程中的能耗情况，体现城镇化进程中公共设施配套与人口规模的协调关系。

3）关键参数说明

人口规模（P）：耦合大湾区人口增长模型与迁移趋势预测。

人均面积（a）：考虑城镇化率提升对城市建筑密度的倍增效应。

单位面积能耗（e）：动态响应技术迭代与政策调控的时变参数。

2.2.2 大湾区建筑部门碳中和情景分析方法

根据“建筑能耗 = 建筑总面积 × 单位建筑面积能耗”的计算原则，本研究对大湾区未来建筑能耗进行情景分析预测，具体方法如下。

（1）建筑总面积预测

未来大湾区建筑总面积的增长受人口规模、城镇化进程及各类型建筑人均建筑面积的综合影响。人口增长是驱动建筑总面积增加的关键因素，直接推升对居住空间和公共服务设施的需求，因此人均居住建筑面积和人均公共建筑面积的合理规划对预测建筑总面积至关重要。同时，人口向城市集聚，促使城市土地集约利用和建筑密度增加，进而显著影响建筑总面积的分布格局和增长态势。

（2）单位建筑面积能耗分析

单位建筑面积能耗是建筑能耗的核心指标，其变化受多种因素影响。在政策驱动方面，大湾区预期出台的建筑节能政策法规（如更严格的能效标准、绿色建筑标识制度等）将引导行业低碳转型。提高建筑能耗监管门槛将促使企业强化能源管理，采用高效节能技术与设备，从而降低单位面积能耗。同时，对标国际现状值和先进值，为大湾区建筑能耗控制提供明确的目标和方向，促使大湾区不断缩小与国际先进水平的差距。此外，节能建筑技术的持续创新和应用（如新型保温隔热材料、高效暖通空调系统、智能能源管理系统等）将在很大程度上降低建筑的能源消耗。

（3）情景构建与推演

综合考量上述建筑总面积和单位建筑面积能耗的影响机制，结合相关经济驱动因素与约束条件，构建差异化碳中和情景。例如，考虑经济发展水平不同、技术进步程度有别、政策实施力度各异等多种情况，推演至2060年大湾区分城市、分类型建筑能源的消费情况，得到2060年前的建筑能耗变化趋势。通过情景分析，可以全面评估大湾区建筑部门在不同发展路径下实现碳中和目标的可能性与面临的挑战，为制定精准降碳策略提供科学依据。

第3章

粤港澳大湾区建筑部门碳中和情景设置

3.1 碳中和情景构想

3.1.1 基准（BaU）情景

BaU 情景假设大湾区现有建筑节能及能源政策标准保持不变、用能结构和能耗强度等关键指标的变化趋势延续既有路径。伴随居民生活水平的普遍提升，到 2060 年大湾区人均居住面积有望达到发达国家和地区水平，这意味着居民建筑总面积将出现显著增长。与此同时，居民建筑单位面积能耗也将向发达国家和地区中等水平靠拢，可能推动居住建筑能耗总量呈上升态势。在公共建筑领域，人均公共建筑面积水平对标发达国家和地区水平，公共建筑规模不断扩大，尽管公共建筑单位面积能耗参考广东省公共建筑面积能耗引导最优值，但受建筑面积不断增加的影响，公共建筑能耗仍可能有所增长。总体来看，在 BaU 情景下，大湾区建筑部门能耗呈现缓慢上升趋势，难以达成碳中和目标，不过该情景为后续碳中和情景的对比分析提供了重要的基准参照。

3.1.2 碳中和（CN）情景

CN 情景以强化节能高效为核心发展方向，深度聚焦能源利用效率的系统性提升与可再生能源占比的跨越式增长，大力推动超低能耗建筑的规模化普及以及可再生能源与建筑的一体化融合发展，助力大湾区逐步构建一套高效协同、清洁低碳、智能灵活的建筑能源利用体系。该情景细分为 CN1 情景和 CN2 情景，对应不同的目标定位与实施策略。

（1）CN1 情景（国内先进水平发展路径）

在 CN1 情景的规划蓝图中，大湾区建筑需求侧领域的发展水平将在 2060 年稳步达到届时的国内先进水平。为实现这一目标，建筑节能相关政策将呈现逐步收紧的态势，一系列更为严格的节能标准体系与全流程监管措施将被陆续推出并严格执行。建筑行业内，各类高效节能技术将迎来广泛的推广与深度应用，诸如具备卓越保温隔热性能的新型墙体材料、能够实现按需调节的智能照明系统、能效比大幅提升的暖通空调设备等，这些技术的普及将促使建筑能耗实现显著降低。与此同时，可再生能源在建筑领域的应用比例将逐年提升，太阳能光伏板、太阳能热水器在建筑屋顶的普及率将实现大幅提高，地源热泵技术也将在地质条件适宜的地区得到更多的规模化应用，为建筑的供暖和制冷需求提供稳定的清洁能源支持。

在居住建筑领域，通过政策的精准引导与市场机制的有效推动，新建居住建筑将全面按照超低能耗建筑标准进行规划、设计与建设，从源头上把控建筑能耗水平。对于既有居住建筑，将加快实施系统性的节能改造工程，改造内容涵盖外墙保温层的加固与升级、高耗能门窗的更换、老旧设备系统的能效提升等多个关键环节，这些综合性措施将有效地降低居住建筑的单位面积能耗。同时，随着居民节能意识的普遍提高以及智能家居技术的广泛普及，居民的生活用电行为将更加科学合理，进一步从终端使用环节降低居住建筑的整体能耗。

在公共建筑领域，大型公共建筑（如商场、写字楼、酒店宾馆等）将纷纷引入并应用智能能源管理系统，该系统能够实现对建筑能耗的精细化实时监测、数据分析与智能调控，并通过优化设备运行策略最大限度地减少能耗浪费。同时，政策将积极鼓励公共建筑采用可再生能源一体化设计方案，例如推动太阳能光伏发电与建筑外观、结构的一体化融合，实现太阳能热水系统与建筑管道、用水需求的无缝衔接等，从而显著减少对传统化石能源的依赖程度。

随着上述一系列措施的全面落地与持续推进，预计到2025年后，大湾区建筑能耗总量以及建筑单位面积能耗将在BaU情景的基础上实现进一步下降，与国内先进水平的建筑节能成效之间的差距将逐渐缩小，为后续实现更高目标奠定坚实基础。

（2）CN2 情景（国际先进水平发展路径）

CN2 情景的核心目标是在 2060 年使大湾区建筑需求侧领域的发展水平达到届时的国际先进水平，并基本实现减碳极限。在这一路径下，大湾区建筑行业将经历一场全方位、深层次的变革，政策层面的支持力度将更大，技术创新的步伐也将显著加快。在建筑节能方面，除广泛应用国内已成熟的先进节能技术外，还将积极引进和吸收国际前沿的建筑节能理念与技术，例如被动式建筑设计理念的深度应用，通过科学优化建筑朝向、强化自然通风采光设计、采用高效热回收系统等手段，最大限度地降低建筑对机械采暖和制冷系统的依赖。同时，大力推动建筑工业化和装配式建筑的规模化发展，通过标准化设计、工厂化生产、装配化施工等方式，显著提高建筑质量与性能，有效减少建筑施工过程中的能耗和碳排放。在可再生能源利用方面，大湾区将致力于打造成建筑可再生能源一体化应用的标杆示范区域。除了进一步推广传统的太阳能光伏和光热应用，还将积极探索风能、氢能等多能互补的建筑能源供应新模式。例如，在沿海地区充分利用丰富的海上风力资源进行发电，为周边建筑集群提供部分电力支持；在具备条件的建筑中部署小型分布式氢能发电装置等。通过这些多元化的能源供应方式，建筑可再生能源的消费比例将进一步提高。

居住建筑和公共建筑将全面向近零能耗建筑转型，并稳步迈向零碳建筑的终极目标。不仅在新建建筑中严格执行近零碳建筑与零碳建筑标准，采用高性能的建筑围护结构材料、超高效节能设备以及智能化控制系统，从设计源头大幅降低建筑能耗；而且，将通过大规模的既有建筑改造项目，运用先进的节能技术和可再生能源集成方案，将既有建筑逐步改造为近零碳建筑。在建筑的全生命周期中，从设计阶段到运营阶段都将充分考虑可再生能源的集成应用，通过智能能源管理系统实现建筑能耗与可再生能源供应的动态精准匹配，最大限度地减少对外部传统能源的采购量。零碳建筑将通过高效的节能设计、可再生能源的充分利用以及其他创新性的碳补偿措施（如参与碳汇交易等），最终实现建筑在全生命周期内的碳排放平衡。

预计到2025年后，在CN2情景下，大湾区建筑能耗总量和建筑单位面积能耗将在CN1情景的基础上实现进一步的大幅下降，与国际先进水平的建筑节能减碳成效全面接轨，逐步接近减碳极限，为大湾区建筑部门在2060年顺利实现碳中和目标提供坚实可靠的保障。

通过以上对BaU情景和CN情景的构想与详细分析，可以全面、系统地评估在不同发展路径下大湾区建筑部门未来的能耗和碳排放变化趋势，为制定科学合理、切实可行的建筑领域碳中和策略提供有力的决策支撑与理论依据。

3.2 碳中和情景参数设置

3.2.1 人口规模

大湾区作为中国经济活力强劲且开放程度高的区域，其人口规模的演变将在未来几十年内呈现独特的趋势和特征。各城市人口规模预测参考目前大湾区各城市人口发展规划以及人口历史发展趋势。

总体来看，预计到2030年大湾区人口总量基本达到1亿人，2045年达到人口峰值10 678万人，这一峰值的出现主要由于大湾区强劲的经济发展势头、优越的就业创业环境以及高品质的生活吸引大量人口流入。此后，受我国人口生育率降低、人口负增长和人口老龄化等总体人口特征影响，大湾区人口规模开始呈现缓慢下降态势，到2060年回落至9 910万人，年均增长率维持在0.3%左右。这一变化轨迹清晰地描绘了大湾区在历经一段时期的人口急剧增长后，将逐步迈入稳定与调整的发展阶段。日本东京都市圈在经历人口快速增长后，因少子化、老龄化，人口增长停滞甚至下降。大湾区未来也可能面临类似情况，但大湾区产业多元、经济韧性强，人口下降或相对缓慢。

在大湾区人口规模变动的同时，城乡人口结构也在发生显著变化。城镇化率的持续攀升以及农村人口的有序转移是大湾区人口变迁的两大显著特征。随着社会经济的不断发展，中心城市的强大吸引力促使大量农村人口向城市汇聚。如图 3-1 所示，大湾区农村人口自 2020 年起便呈现稳定下降趋势，预计到 2060 年将降至 556 万人，年均下降率达 1.4%，较 2020 年足足减少 433 万人。农村人口的减少将重塑大湾区的人口地理格局，为农村地区的土地利用、产业发展、生态保护等带来新的机遇与挑战。与之相对应，城镇人口在 2045 年达到 9 884 万人的峰值，此后有所回落，2045—2060 年年均下降率为 0.4%，至 2060 年降为 9 353 万人。这种城乡人口结构的变化，不仅反映了大湾区城镇化发展的阶段性特征，也将对未来的城市建设、基础设施布局、公共服务供给等方面产生深远影响。

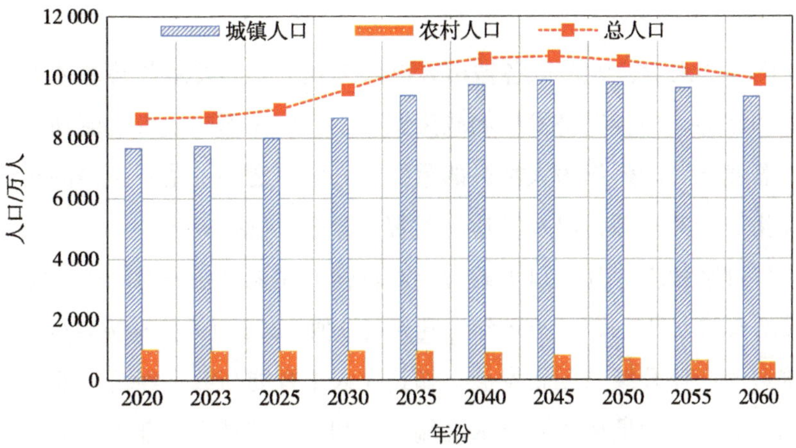

图 3-1　2020—2060 年大湾区城镇人口和农村人口

数据来源：

《广州市国土空间总体规划（2021—2035 年）》：2035 年常住人口规模严格控制在 2 200 万人以内。

《深圳市国土空间总体规划（2021—2035 年）》：2035 年全市常住人口规模严格控制在 1 900 万人以内。

《珠海市新型城镇化规划（2021—2035 年）》：到 2035 年，珠海常住人口达到 500 万人。

《佛山市国土空间总体规划（2021—2035年）》：到2035年，市域常住人口严格控制在1 130万人以内。

《东莞市人口发展规划（2020—2035年）》：到2035年，常住人口达到1 080万人。

《惠州市国土空间总体规划（2021—2035年）》：至2035年，市域常住人口规模为850万人左右。

《中山市国土空间总体规划（2020—2035年）》：到2035年，计划常住人口达到530万～580万人。

《江门市人口发展规划（2020—2035年）》：2025年，市域常住人口预计达530万人；至2035年，市域常住人口预计达700万人。

《肇庆市国土空间总体规划（2020—2035年）》：2035年，常住人口达到550万～600万人。

《香港2023年人口政策报告》：到2046年，全港人口达到约819万人（中期预测）。

《澳门特别行政区城市总体规划（2020—2040）》：到2040年，澳门人口约80万人（适度增长目标）。

从图3-2来看，大湾区各城市人口未来几十年的发展趋势总体上呈现先增后降的态势。随着经济发展和政策调整，人口在不同城市的流动和分布将发生显著变化。广州作为大湾区的重要核心城市之一，依托丰富的教育、医疗、文化等公共资源，以及发达的商贸、金融、科技等产业体系，展现了强大的人口虹吸效应。其人口承载力相对较强，在未来一段时间内仍将保持人口持续增长的态势。预计2045年达到人口峰值2 278万人，这主要得益于广州不断推进的产业升级与创新发展，如其在人工智能与数字经济产业方面的大力布局，吸引了大量相关领域的高端人才和专业劳动力。此后，受城市发展空间逐渐饱和、生活成本上升等因素影响，人口将以年均0.3%的下降率缓慢减少，到2060年降至2 168万人。不过，广州也在通过城市更新、拓展外围发展空间等举措，试图缓解人口下降带来的影响，维持城市活力。深圳作为创新之都，在过去凭借高科技产业、金融等领域的巨大优势吸引了大量国内外人才汇聚。然而，由于土地资源严重受限，其人口增长“瓶颈”相对更早显现。预计在2050年达到峰值1 989万人后，人口将加速下降，到2060年降至 1 912 万人。近年来，深圳房价高企、生活成本攀升，加上产业外溢趋势明显，一些劳动密集型产业向周边城市转移，使对低技能劳动力的吸纳能力减弱，而高端人才的竞争也日益激烈，这些因素共同导致人口增长动力不足，下降趋势更为明显。佛山、东莞凭借制造业集群发达，长期以来是劳动力密集型产业的集聚地，吸引了大量外来务工人员。在 2040 年之前，持续的产业发展和就业岗位增加推动人口稳步增长，但随着产业升级的推进，劳动密集型产业逐步向中西部地区转移，加上自动化生产对劳动力的替代，人口增长动力逐渐减弱。预计到 2060 年，东莞人口比峰值减少 96 万人，佛山人口比峰值减少 94 万人。珠海凭借横琴粤澳深度合作区政策红利和高端服务业集聚，预计将出现爆发式增长，人口从 2020 年的 245 万人增长到 2035 年的 500 万人，增幅高达 104%。预计在 2045 年前后达到人口增长的阶段性高点，之后随着城市发展空间和产业承载能力逐渐饱和，人口增长放缓。惠州受益于邻近深圳的区位优势，在承接深圳产业转移和人口外溢方面具有一定优势，其电子信息、石油化工等产业也在不断发展，预计人口在未来一段时间内仍有增长空间，2045 年达到人口峰值 916 万人。但与核心城市相比，惠州在公共服务水平、产业创新能力等方面仍有差距，难以长期维持高人口增速。中山、江门、肇庆目前经济发展水平相对较低，产业结构有待优化，在人口吸引方面面临一定挑战，虽然在大湾区一体化发展过程中可能承接部分产业转移和人口流入，但总体上人口增长动力不足，未来人口规模可能维持相对稳定或出现一定程度的缓慢下降。香港作为国际金融、贸易、航运中心，尽管经济发达、国际化程度高，但人口老龄化问题突出，住房紧张等社会问题也对人口增长形成制约。预计在未来一段时间内，人口增长将较为缓慢，甚至可能出现一定程度的下降，到 2060 年仅比 2020 年增加 27 万人。澳门以博彩旅游业为主导产业，城市面积狭小，发展空间有限，人口容纳量受限，未来人口规模也将保持相对稳定或略有下降。

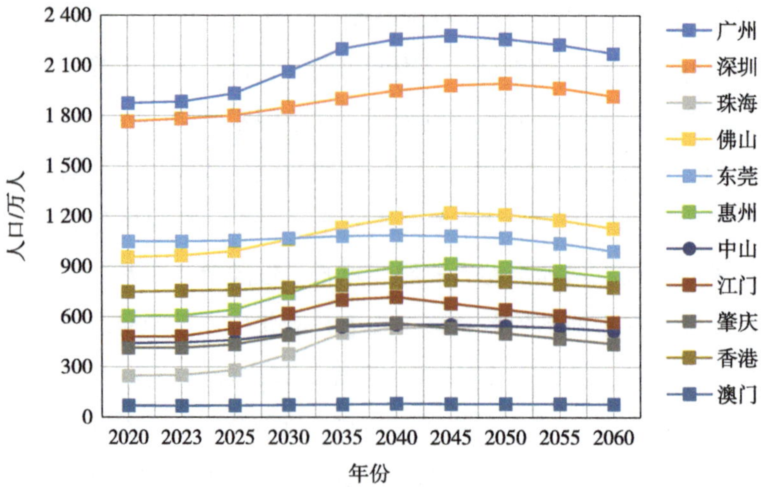

图 3-2　2020—2060 年大湾区各城市人口

3.2.2　城镇化率

《国家新型城镇化规划（2021—2035 年）》指出未来我国城镇化率会继续提升。根据《2060 年世界和中国能源展望》报告的预测，2060 年中国城镇化率将达到 80%。《广东省新型城镇化规划（2021—2035 年）》进一步明确，到 2035 年广东省将基本实现新型城镇化，全省常住人口城镇化率达到 82%。在国家和省级层面城镇化战略布局的大背景下，粤港澳大湾区作为我国经济发展的重要引擎以及城镇化水平较高的区域，其城镇化进程备受瞩目。

从图 3-3 数据及表 3-1 来看，2020 年大湾区整体城镇化率为 88.6%，较全国平均水平（2020 年全国常住人口城镇化率为 63.89%）[①] 高出约 25 个百分点，反映了大湾区在城镇化方面的先行优势。这一优势的形成得益于大湾区长期以来的经济高速发展、产业结构的不断优化升级以及大规模的人口集聚。

对大湾区未来城镇化率的预测是综合参考目前各城市的规划蓝图以及各

① 引自《第七次全国人口普查公报（第七号）——城乡人口和流动人口情况》。

城市城镇化率的历史演变趋势得出的。基于港澳地区和珠三角中心城市已经实现高度城镇化的现状，设定到 2060 年大湾区各城市的城镇化水平仍将持续推进。预测到 2035 年，大湾区城镇化率达到 91.0%，2060 年城镇化率达到 94.4%，相比 2020 年增长近 6 个百分点。这一增长趋势与国家和广东省的规划目标高度契合，同时也紧密关联大湾区自身的发展动力与潜力。

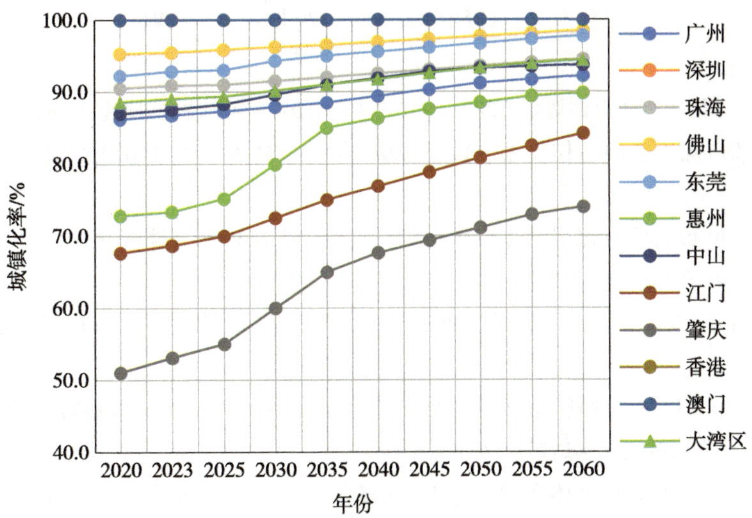

图 3-3　2020—2060 年大湾区及各城市城镇化率

表 3-1　大湾区及各城市城镇化率　　单位：%

地区	2020 年	2025 年	2030 年	2035 年	2060 年
广州	86.2	87.3	87.9	88.5	92.2
深圳	100.0	100.0	100.0	100.0	100.0
珠海	90.5	91.0	91.5	92.0	94.6
佛山	95.2	95.8	96.2	96.5	98.4
东莞	92.2	93.0	94.3	95.0	97.8
惠州	72.8	75.1	79.9	85.0	89.8
中山	87.0	88.3	89.6	91.0	93.7

续表

地区	2020 年	2025 年	2030 年	2035 年	2060 年
江门	67.6	70.0	72.5	75.0	84.2
肇庆	51.0	55.0	60.0	65.0	74.0
香港	100.0	100.0	100.0	100.0	100.0
澳门	100.0	100.0	100.0	100.0	100.0
大湾区	88.6	89.3	90.1	91.0	94.4

数据来源：

《广州市国土空间总体规划（2021—2035 年）》：2035 年常住人口城镇化率约 88.5%。

《深圳市国土空间总体规划（2021—2035 年）》：到 2035 年常住人口城镇化率保持 100%。

《珠海市新型城镇化规划（2021—2035 年）》：到 2035 年，珠海常住人口计划达到 500 万人，城镇化率进一步提升。

《佛山市国土空间总体规划（2021—2035 年）》：2035 年常住人口城镇化率预计 96.50%。

《东莞市人口发展规划（2020—2035 年）》：到 2025 年，常住人口城镇化率达到 93%，2035 年常住人口城镇化率达到 95%。

《惠州市国土空间总体规划（2021—2035 年）》：到 2035 年全市城镇化率达到 85% 左右。

《中山市国土空间总体规划（2020—2035 年）》：2035 年常住人口城镇化率达到 91%。

《江门市新型城镇化规划（2021—2035 年）》：2025 年，江门市常住人口城镇化率预计达到 70% 左右，到 2035 年全市常住人口城镇化率预计达到 75% 左右。

《肇庆市国土空间总体规划（2021—2035 年）》：2025 年城镇化率达到 55%，2035 年城镇化率达到 65%。

香港、澳门因地理特性（无农村建制），城镇化率统计值为 100%。

大湾区内部城市间在城镇化率上存在显著差异，香港、澳门、深圳的城镇化率目前已达 100%，这些城市已步入高度城镇化阶段，城市发展成熟，土地利用高度集约化，产业结构以高端服务业、金融业、高新技术产业等为主，人口流动基本处于动态平衡状态，未来城镇化率将保持稳定。其他珠三角中心城市的城镇化率虽已较高，但仍有提升空间，这些城市在产业转型、城市更新、公共服务优化等方面持续发力，通过进一步提升城市品质和综合承载能力，吸引更多人口融入城市生活，推动城镇化率稳步上升。肇庆、江门等城市的城镇化率相对较低，未来还有较大的增长潜力，预计肇庆的城镇化率从 2020 年的 51.0% 增长到 2060 年的 74.0%、江门的城镇化率从 2020 年的 67.6% 增长到 2060 年的 84.2%，这种差异为大湾区的协调发展提供了机遇，也为资源的合理配置和人口的有序流动提供了空间。这些城市拥有相对丰富的土地资源和后发优势，随着大湾区一体化进程的推进，将不断承接核心城市的产业转移，加强基础设施建设和公共服务供给，吸引农村人口向城市转移，逐步提高城镇化水平。

这种城市间城镇化率的差异，为大湾区的协调发展带来了机遇。一方面，高度城镇化的城市可以通过产业外溢、技术输出等方式，带动城镇化水平较低的城市的发展；另一方面，城镇化水平较低的城市可以借助自身的资源优势，实现错位发展，促进区域间资源的合理配置和人口的有序流动，推动大湾区城镇化进程向更高质量、更均衡的方向发展。

3.2.3 建筑面积

建筑面积对建筑部门碳排放的影响显著。城镇人口规模不断提升促使城镇建筑存量（总建筑面积）进一步增加，加剧建筑部门终端能源消耗和碳排放。近年来，大湾区建筑面积呈单调递增趋势，无法合理预测大湾区各城市建筑面积未来的上限值，因此本研究采取常住人口数量结合人均建筑面积的方式，并参考发达国家和地区同等经济水平时的人均居住面积数据，同时对大湾区历史数据进行对比修正，拟合得到人均建筑面积的平滑发展曲线。

（1）人均居住建筑面积

从人均居住建筑面积的现状与历史数据来看，2020 年大湾区人均居住建筑面积为 35.2 m^2/ 人，与发达国家和地区相比，这一数值明显偏低。如美国

2021 年人均居住建筑面积高达 77.0 m^2/ 人、加拿大为 59.3 m^2/ 人、欧盟为 40.1 m^2/ 人，大湾区当前人均居住建筑面积仅达欧盟水平的 88%。美国地广人稀，郊区化明显，而欧盟国家更注重紧凑城市发展，人均居住建筑面积自然较低，大湾区的情况可能更接近欧盟，因为土地资源紧张、人口密度高。中国工程院《中国能源中长期（2030、2050）发展战略研究》预测“2030 年人均住宅面积需要控制在 40 m^2 以内”。考虑大湾区未来的人口集聚效应，常住人口 2010—2023 年年均增长率超 2.4%，预计 2030 年人口将突破 9 000 万人，持续的人口流入将刚性拉动居住需求；同时，随着经济发展，居民生活水平不断提高，改善居住条件的意愿增强，人均居住建筑面积有进一步提升的内在需求。

对标发达国家和地区人均水平，结合大湾区人均居住建筑面积历史发展趋势，大湾区人均居住建筑面积将在集约化框架和政策的适度调控下稳步提升，到 2030 年大湾区人均居住建筑面积预计达到 38.8 m^2/ 人（见图 3-4），既

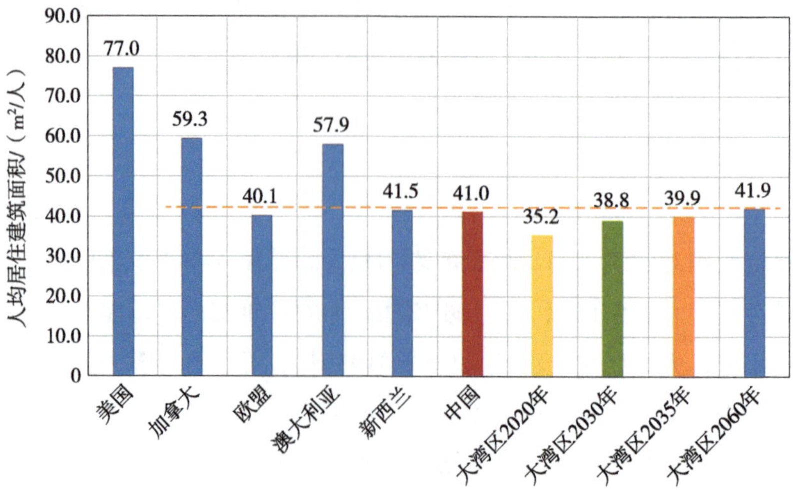

图 3-4 2060 年大湾区人均居住建筑面积与全国及其他国家和地区的对比

数据来源：

美国、加拿大、澳大利亚、新西兰——OECD Housing Database，2023 年数据。

欧盟——欧洲统计局（Eurostat），2022 年数据。

中国——国家统计局，2021 年数据。

满足居民生活质量需求，又显著低于美国水平（仅其 50% 水平）。到 2060 年，大湾区人均居住建筑面积达到 41.9 m^2/ 人，这一数值虽然还远低于美国等国家的当前水平，但考虑大湾区的土地资源、人口密度以及可持续发展的要求，这样的增长是比较合理和可持续的。在未来，随着人均居住建筑面积逐渐接近预测上限，增长速度可能逐渐放缓，人均居住建筑面积进入一个相对稳定的阶段。通过借鉴欧盟的紧凑城市发展经验，结合智慧建筑技术突破，可实现居住空间扩展与碳减排的协同发展。该路径对全球高密度城市群具有示范价值，为新兴经济体城镇化进程提供“发展 - 可持续”平衡范式。

如图 3-5 所示，大湾区城镇人均居住建筑面积从 2020 年的 33.5 m^2/ 人增长到 2060 年的 41.0 m^2/ 人，呈现稳定的增长趋势，尤其在 2020—2030 年增长较快。一方面，房地产行业在需求刺激下加大了住房供给的投入，新建了众多高品质、大户型的住宅项目；另一方面，居民自身也有更强的经济实力去追求更宽敞、舒适的居住空间，这共同推动了城镇人均居住建筑面积较快增长。然而，随着时间的推移，到后期，城镇住房市场逐渐趋近饱和状态。一方面，可开发的土地资源日益稀缺，城市建设空间受限；另一方面，大部分居民的居住需求已得到基本满足，新增的住房需求动力减弱，城镇人均居住建筑面积的增长速度将逐渐放缓。大湾区农村人均居住建筑面积从 2020 年

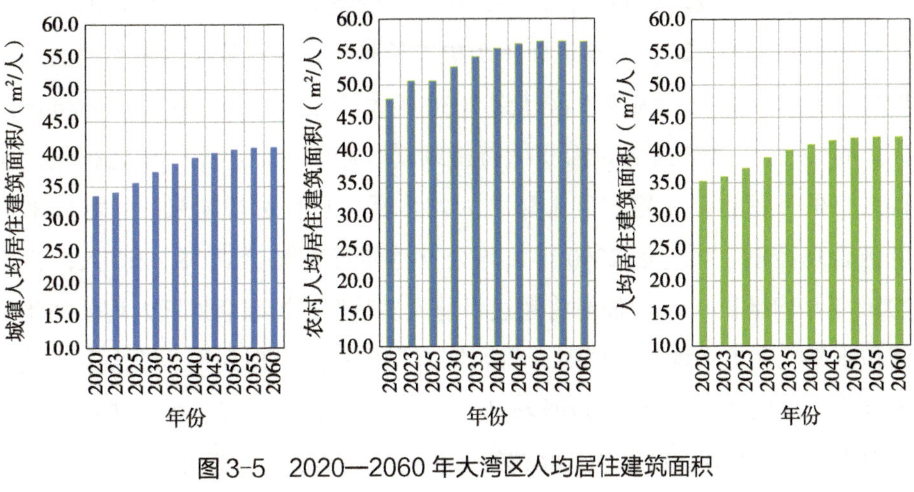

图 3-5　2020—2060 年大湾区人均居住建筑面积

的 47.8 m^2/ 人增长到 2060 年的 56.5 m^2/ 人，年均增长率为 0.4%，整体增长趋势明显，且增长速度较为稳定。这是大湾区农村地区产业转型与升级的成果。随着乡村旅游、特色农业等产业的兴起，农村居民收入增加，有了更多资金用于改善住房条件。同时，大湾区持续推进乡村振兴战略，加大了对农村基础设施和公共服务的投入，包括道路修建、水电改造等，使农村建房的基础条件更加完善，进一步激发了农村居民新建、扩建住房的热情，促使农村居住建筑面积得以持续、稳定增长。

（2）人均公共建筑面积

2020 年中国人均公共建筑面积为 8.6 m^2/ 人，显著低于发达国家（见图 3–6）。这种差距主要是源于经济发展阶段和产业结构的差异，发达国家在经济发展过程中历经大规模城镇化浪潮和公共设施建设高峰期，公共建筑面积积累较多，因而相对较高。大湾区在这一数据表现上较为突出，2020 年大湾区人均公共建筑面积为 15.7 m^2/ 人，已经明显高于发达国家和地区平均水平，处于相对较高的水平。随着大湾区社会经济的高速发展，特别是第三产业迅速扩张，产业结构将发生显著变化，生产性服务业（如金融、科技服务、现代物流等）将大幅增加，将使办公楼、商业综合体、医院、学校、交通枢纽、数据中心等公共设施的需求显著上升。因此，大湾区的公共建筑面积未来将呈现持续增长趋势，这与区域经济的快速发展和产业结构的优化密切相关。结合大湾区公共建筑面积历史增长趋势，对标其他国家和地区的人均公共建筑面积进行预测，预计到 2030 年大湾区人均公共建筑面积将达到 16.2 m^2/ 人。尽管公共建筑面积保持持续增长趋势，但不能一味地扩张，而且人口的回落也在一定程度上影响人均水平，从长远规划来看，需要采取措施合理控制。大湾区 2060 年人均公共建筑面积将达到 18.7 m^2/ 人，相比 2030 年年均增长 0.5%，届时将超过目前大多数发达国家和地区人均公共建筑面积水平。在追求增长的同时，需要综合考虑资源合理利用、城市空间规划等因素，采取科学规划城市功能分区、优化公共设施布局、提高建筑空间使用效率等措施合理控制人均公共建筑面积的增长节奏，实现可持续发展。

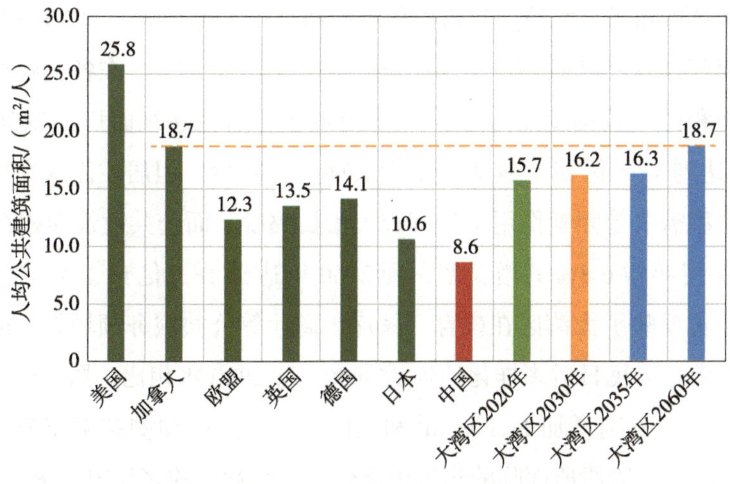

图 3-6　2060 年大湾区人均公共建筑面积与其他国家和地区的对比

数据来源：

美国——美国能源信息署（EIA）《商业建筑能耗调查》（CBECS），2018 年数据。

欧盟——欧洲统计局（Eurostat）《建筑能源绩效统计年鉴》，2020 年数据。

加拿大——加拿大自然资源部（NRCan）《商业和机构建筑能耗调查》，2017 年数据。

英国——英国商业能源与产业战略部（BEIS）《非居住建筑能源消耗统计》，2020 年数据。

德国——德国联邦统计局（Destatis）《非住宅建筑存量报告》，2021 年数据。

日本——日本国土交通省（MLIT）《建筑统计调查报告书》，2019 年数据。

中国——住建部《中国建筑能耗研究报告 2022》，2020 年数据。

（3）分类型建筑面积

在对大湾区建筑面积进行预测分析时，采用人均居住建筑面积和人均公共建筑面积之和乘以总人口数的计算方式。结果如图 3-7 所示，在 2045 年之前，大湾区的建筑面积呈现持续增长的态势，居住建筑面积和公共建筑面积都在稳步上升。到 2030 年，大湾区居住建筑面积达到 37.2 亿 m^2，公共建筑面积达到 15.6 亿 m^2，这一增长趋势主要得益于人口的稳定增长、城镇化进程的推进以及人们对居住和公共空间需求的不断增加。从 2045 年开始，由于人口负增长，对新增建筑的需求减少，同时老旧建筑因安全、规划调整等多方面因素被拆除等，大湾区建筑面积将逐渐呈现下降趋势。到 2060 年，大湾区建筑面积预计将达到 60.1 亿 m^2，比 2020 年增长 37%。在各类建筑中，居住建筑面积的增长幅度尤为显著，到 2060 年，居住建筑面积比 2020 年增长 36.5%，达到 41.5 亿 m^2，这表明尽管后期人口减少，但居住需求在前期积累以及改善型需求等因素作用下仍有较大增长幅度。而公共建筑面积在 2020—2060 年保持年均 0.8% 的增长率，到 2060 年达到 18.7 亿 m^2。公共建筑面积的稳步增长反映了大湾区在教育、医疗、商业等公共服务领域持续的投入与发展，以满足居民日益多样化的生活需求。与 2020 年相比，居住建筑面积和公共建筑面积分别增加 11.1 亿 m^2 和 5.1 亿 m^2，这一预测结果充分体现了大湾区在不同发展阶段所面临的建筑规模变化及其背后的多种因素影响。

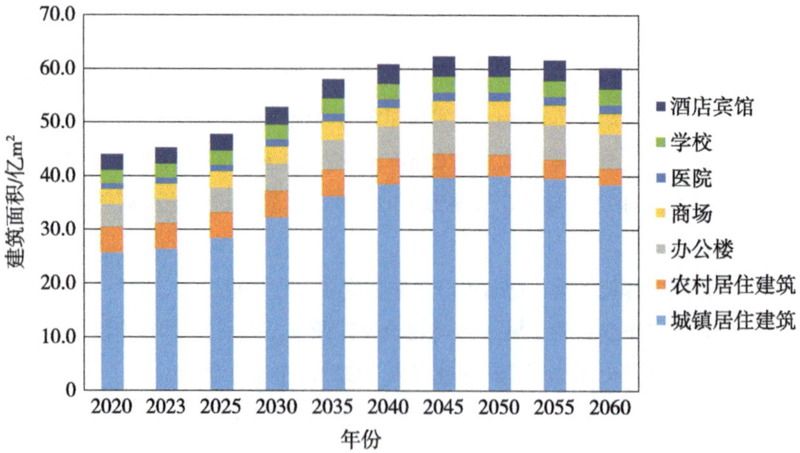

图 3-7　2020—2060 年大湾区各类型建筑面积

（4）分城市建筑面积

到 2060 年，大湾区各城市建筑面积总体上呈现先增长后趋于平稳或略有下降的趋势（见图 3-8）。前期增长主要源于持续的城镇化进程、区域人口流入（特别是核心城市及新型增长极）以及经济发展带来的建设需求（包括产业园区、住宅、商业建筑、公共设施等）。后期增长动力减弱，主要原因包括：一是人口增长放缓甚至部分城市可能出现负增长，住房需求增量减少；二是核心城市及部分成熟区域面临土地资源“瓶颈”，新增建设用地受限；三是城市发展重点从规模扩张转向存量更新、功能优化和品质提升；四是部分城市（如肇庆、江门）可能因产业结构调整或生态保护要求，对新增建设规模进行控制。

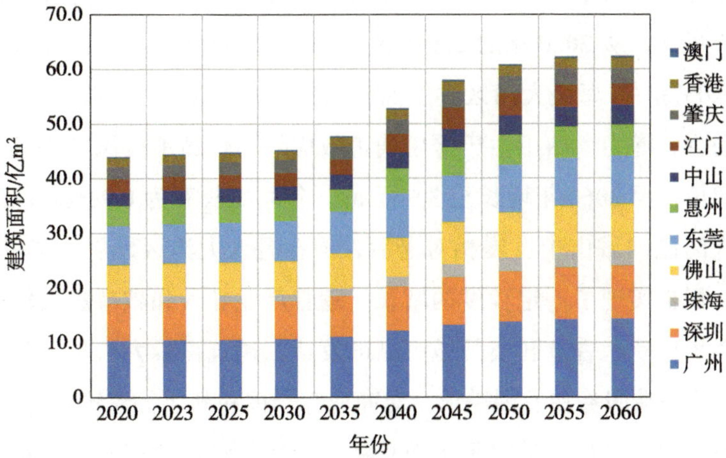

图 3-8　2020—2060 年大湾区各城市建筑面积

广州和深圳作为大湾区的核心城市，呈现规模优势与结构性增长的趋势。广州受益于南沙新区、知识城等国家级平台开发，建筑面积从 2020 年的 10.3 亿 m^2 增长到 2060 年的 14.4 亿 m^2，年均增长率为 0.82%。这反映了广州作为成熟超大城市的特征，在土地资源约束下，增长更侧重于结构优化，老城更新替代增量扩张，增速在大湾区中相对温和但极其稳定。深圳建筑面积从 2020 年的 6.8 亿 m^2 增长到 2060 年的 9.8 亿 m^2，年均增长率为 0.92%，增长态势较为稳健。深圳的增长体现了其持续的经济活力和人口吸引力，虽然同样面临土地资源紧张问题，但其高强度开发模式和持续的创新驱动支撑了中等偏上的增速。

次级中心佛山和东莞的建筑面积在产业与人口双轮驱动下增长。位于广佛都市圈的佛山制造业基础雄厚，城镇化仍在推进，建筑面积从 2020 年的 5.9 亿 m^2 增长至 2060 年的 8.6 亿 m^2，年均增长率为 0.95%。惠州拥有相对充裕的土地资源，积极承接深圳产业外溢，发展临深经济，建筑面积从 2020 年的 3.7 亿 m^2 增长至 2060 年的 5.8 亿 m^2，年均增长率为 1.13%，增速高于广州、深圳、佛山，反映了其作为深圳拓展腹地的快速发展。

珠海作为宜居城市和旅游胜地，随着大湾区建设推进，受益于横琴粤澳深度合作区等重大平台开发、与港澳合作的深化及自身吸引力提升，其建筑面积增长强劲，从 2020 年的 1.2 亿 m^2 增长至 2060 年的 2.7 亿 m^2，年均增长率高达 2.05%。珠海是大湾区建筑面积增速最高的城市，凸显了其作为新兴增长极的巨大潜力。中山由于深中通道效应，马鞍岛承接深圳外溢，建筑面积稳步增长，至 2060 年增长至 3.6 亿 m^2，年均增长率为 0.98%。江门和肇庆虽然在大湾区的城市中发展相对滞后，但在融入大湾区发展格局的过程中，其建筑面积也实现了一定程度的增长，随着产业导入和城市建设的推进，城市面貌逐步更新。香港和澳门城市高度发达，建筑存量大，基于其持续的金融、贸易等高端服务业发展需求，对商业综合体和酒店等建筑仍有一定需求，但城市更新成本高昂，受限于土地总量，预计其建筑面积增长相对缓慢且集中于核心功能区的更新改造和少量新建，增长主要源于对现有建筑的升级扩建及局部的新开发项目。

3.2.4 建筑单位面积能耗

（1）居住建筑单位面积能耗

2020 年大湾区居住建筑单位面积能耗平均值为 50 kW·h/（m^2·a）（见图 3-9），2023 年增长到 58 kW·h/（m^2·a），仅为发达国家和地区平均水平的 40% 左右，远低于发达国家和地区的水平。

鉴于未来人民生活水平的不断提高，大湾区居民建筑处于增长阶段，未来家用电器在种类和数量上都有所增加，夏季空调使用率增加，冬季取暖、热水需求增加，洗衣机、冰箱、智能家居等家用电器的使用频率将有一定幅度的提高，将导致居民客观需求直接转变成实际的能耗。结合目前大湾区居住建筑单位面积能耗，对标发达国家和地区水平，在 BaU 情景下，2030 年大湾

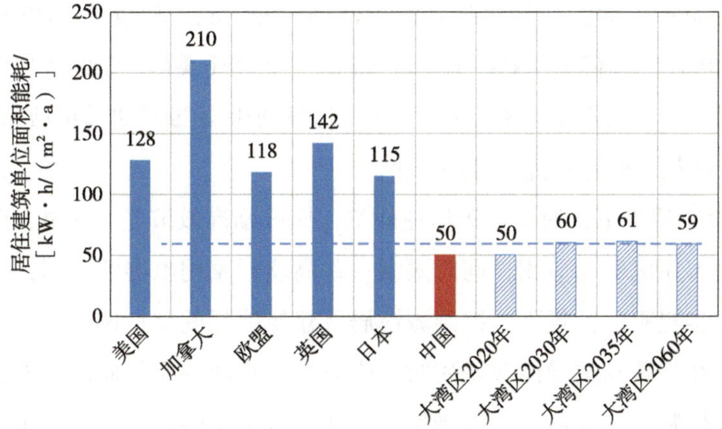

（a）BaU情景

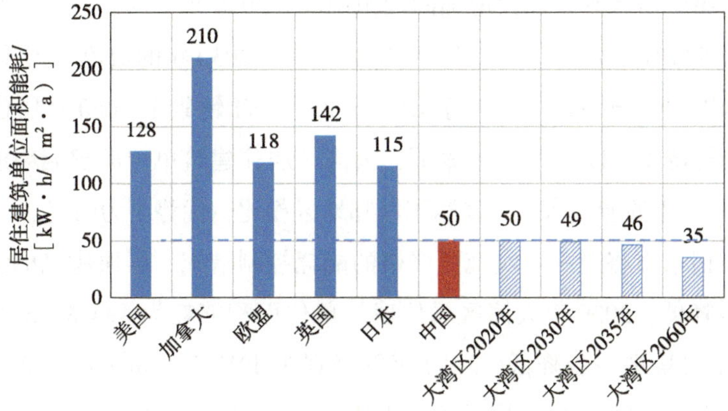

（b）CN2情景

图 3-9　BaU 情景和 CN2 情景下大湾区居住建筑单位面积能耗与其他国家和地区的对比

数据来源：

美国——美国能源信息署（EIA）《RECS 2021 初步报告》，2021 年数据。

加拿大——加拿大自然资源部（NRCan）全面能源使用数据库，2020 年数据。

欧盟——欧盟 ODYSSEE-MURE 数据库，2021 年数据。

英国——英国商业能源与产业战略部（BEIS）《英国能源统计摘要（2023）》，2021 年数据。

日本——日本节能中心（ECCJ）《住宅能源调查速报（2024）》，2023 年数据。

中国——清华大学《中国建筑节能年度发展研究报告 2024》，2022 年南方住宅实际终端用电为 40～60 kW·h/m^2，取中间数。

区居住建筑单位面积能耗增长到 60 kW · h/（m^2 · a），相较于 2020 年有所上升，到 2060 年下降到 59 kW · h/（m^2 · a）。但相较于美国、加拿大等发达国家和地区仍处于较低水平。不过随着发达国家和地区不断推进节能改造等措施，大湾区在能耗上的相对优势可能缩小。

在 CN1 情景下，对于城镇居住建筑，应鼓励高效节能的炊事、照明、热水等相关家用电器的应用，同时限制一些高能耗家用电器的使用，在居民生活水平逐步提高的前提下，控制城镇居住建筑能耗的增长速度；对于农村居住建筑，在规范和引导能源使用时，应更加突出使用生物质能，如沼气、生物质成型燃料等，发展太阳能光伏一体化（可再生能源建筑）应用，替代部分由于居民生活水平提高而增加的能源消耗。2030 年大湾区居住建筑单位面积能耗为 57 kW · h/（m^2 · a），低于 BaU 情景下 2030 年的数值，到 2060 年下降到 45 kW · h/（m^2 · a）。相对于 BaU 情景，CN1 情景下 2060 年居住建筑单位面积能耗降低 24%。在该情景下，大湾区居住建筑单位面积能耗进一步优化，到 2060 年的能耗水平与发达国家和地区相比，优势更为明显。

CN2 情景下将进一步实施更严格的能耗控制措施，居住建筑单位面积能耗进一步降低，2030 年大湾区居住建筑单位面积能耗为 49 kW · h/（m^2 · a），相比 CN1 情景进一步降低，2060 年下降到 35 kW · h/（m^2 · a），2060 年相比 BaU 情景降低 41%。在该情景下，大湾区居住建筑单位面积能耗显著降低，在全球范围内处于领先的节能水平，为建筑节能提供先进的范例。

（2）公共建筑单位面积能耗

当前大湾区公共建筑单位面积能耗显著低于发达国家和地区。2020 年大湾区公共建筑单位面积能耗为 135 kW · h/（m^2 · a），仅为美国的 48%、日本的 59%，也低于全国平均水平［165 kW · h/（m^2 · a）］（见图 3–10）。但是该平均数掩盖了业态差异，商场、医院、酒店宾馆等高用能单体单位面积能耗均已超过 170 kW · h/（m^2 · a）。当下以生产和生活服务业为主的第三产业比重不断上升，消费需求从单一向多元过渡，产业集聚、金融创新带来的多业态混合发展也提高了一些综合用能体的集聚能源消费，如大型商业综合体、

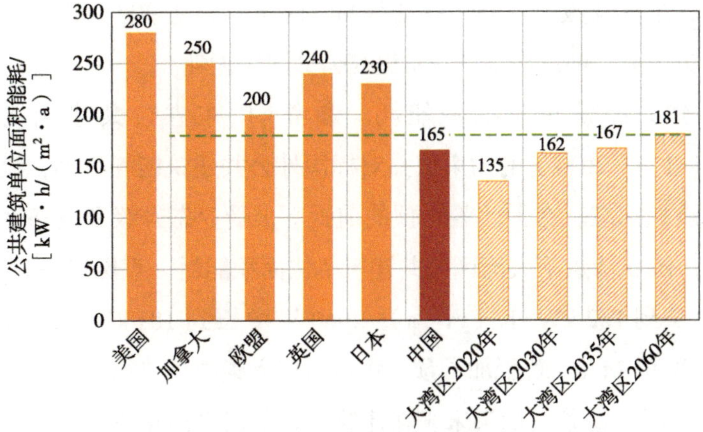

（a）BaU情景

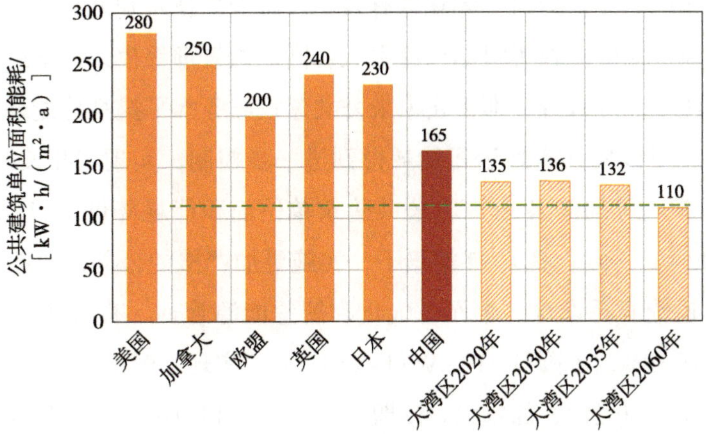

（b）CN2情景

图 3-10　BaU 情景和 CN2 情景下大湾区公共建筑单位面积能耗与其他国家和地区的对比

数据来源：

美国——美国能源信息署（EIA）《商业建筑能耗调查》（CBECS），2022 年数据。

加拿大——加拿大自然资源部（NRCan）《商业建筑能耗报告》，2020 年数据。

欧盟——欧洲统计局（Eurostat）能源平衡表，2021 年数据。

英国——英国商业能源与产业战略部（BEIS）《非住宅建筑能耗数据框架》（NDBS），2022 年数据。

日本——日本国土交通省《公共建筑能源消费实态调查》，2021 年数据。

中国——中国建筑节能协会《中国建筑能耗研究报告 2023》，2023 年数据。

交通枢纽、超算及数据中心、移动基站、区域中心功能区、产业集聚区、金融城等高功率密度场景都将进一步提高公共建筑能耗。

对于公共建筑单位面积能耗，参考《广东省公共建筑能耗标准》（DBJ/T 15-126—2017）的约束值并对标国外公共建筑能耗标准，设置分类别公共建筑能耗标准。在无政策干预的前提下，受业态升级和设备增加的双重拉动作用，BaU 情景下大湾区公共建筑单位面积能耗一直保持快速增长趋势，2030 年增长到 162 kW·h/（m^2·a），2060 年增长到 181 kW·h/（m^2·a），相对 2020 年增长 34%，若不加干预，将显著偏离碳中和路径。

相对于 BaU 情景，如果未来在建筑设计阶段更注重实用性，并融入被动式设计、太阳能光伏建筑一体化等有效的控制能耗技术和能源供应措施，在使用阶段通过能效测评等机制广泛引入合同能源管理等模式，推广高效的用能设备，注重能源管理，那么在未来公共建筑服务水平提高使能耗需求上升的情况下，可以使其实际运行能耗得到进一步控制，实现“此长彼消”。在 CN1 情景下，到 2060 年可以将公共建筑单位面积能耗降低 17.7%，下降到 149 kW·h/（m^2·a）；在 CN2 情景下，实施更加严格的公共建筑能耗控制措施，推行超低能耗设计、全面电气化和智慧能源管理，有可能在 BaU 情景基础上下降 39%，下降到 110 kW·h/（m^2·a）。实现“服务升级、能耗下降”的脱钩发展，与美国、加拿大、欧盟等发达国家和地区的公共建筑单位面积能耗相比，更具节能优势，也更贴合碳中和的目标要求，为全球高密度城市群提供低碳转型样本。

不同情景下大湾区各类建筑单位面积能耗见表 3-2。

表 3-2 不同情景下大湾区各类建筑单位面积能耗

单位：[kW·h/（m²·a）]

建筑类型	2020 年	2030 年			2060 年		
	现状值	BaU 情景	CN1 情景	CN2 情景	BaU 情景	CN1 情景	CN2 情景
城镇居住建筑	49	61	56	49	58	45	34
农村居住建筑	51	61	59	51	80	49	39
办公楼	112	129	118	111	144	111	92
商场	174	206	190	180	239	202	162
医院	171	189	165	147	199	163	125
学校	68	90	81	72	117	92	58
酒店宾馆	176	218	203	181	225	200	123
居住建筑	50	60	57	49	59	45	35
公共建筑	135	162	148	136	181	149	110

第4章

粤港澳大湾区建筑部门碳中和情景分析

4.1 大湾区建筑部门能源消费情景分析

4.1.1 不同情景下的能源总体需求

在社会经济持续发展、人们生活品质需求日益提升的大背景下，能源需求增长几乎成为必然趋势，而建筑部门作为能源消费的重要板块，其能耗情况备受关注。如图 4-1 所示，不同情景下大湾区建筑总能耗均呈现先增后降的态势，预计将在 2040—2050 年达峰，峰值分别为 5 155 万 t 标准煤、6 221 万 t 标准煤、7 363 万 t 标准煤。这反映了随着大湾区城市建设的推进、建筑规模的扩大以及人们对建筑舒适性能（如空调、供暖、照明等用能需求）的追求，建筑能耗将持续上升，直到相关节能措施发挥显著作用，能耗才会逐步下降。

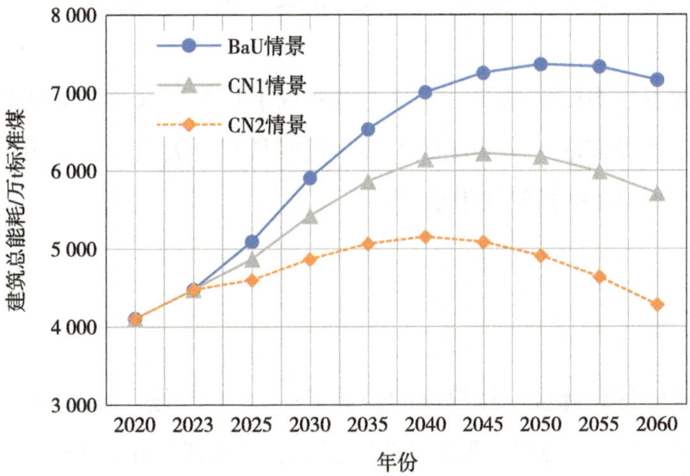

图 4-1 不同情景下大湾区建筑总能耗

在 BaU 情景下，现有发展模式缺乏有力的节能政策与技术推动，建筑总能耗增长趋势较为明显。2020—2060 年，大湾区建筑总能耗年均增长率为 1.4%，于 2050 年达到峰值，峰值为 7 363 万 t 标准煤，到 2060 年下降到 7 162 万 t 标准煤，相较于 2020 年增加了 75%。这体现了在常规发展路径下，建筑部门能源消费随经济社会发展的自然增长态势。

在 CN1 情景下，通过大力发展超低能耗建筑以及提高建筑用能产品能效等举措，能耗增速得到有效控制，能耗年均增长率为 0.8%；到 2060 年，建筑总能耗为 5 710 万 t 标准煤，较 BaU 情景下降 20%，相较于 2020 年增加了 39%。这表明一些节能技术和政策的实施能够在一定程度上减缓建筑能耗的增长速度，降低能源消费总量。

在 CN2 情景下，节能措施的力度进一步加大，在 CN1 情景基础上进一步挖掘存量城市更新、行为节能与柔性用能潜力，可能在建筑设计、能源利用效率等方面有更严格的要求或更先进的技术应用。2060 年大湾区建筑总能耗为 4 281 万 t 标准煤，较 BaU 情景下降 40%，相较于 2020 年增加了 4%，能耗年均增长率为 0.1%。这充分说明，随着节能手段的推进，建筑部门在满足人们生活品质需求的同时，能够更大幅度地降低能源消耗，实现更优的能源利用效益。

总体而言，不同情景的对比清晰地展现了积极采取节能措施对控制大湾区建筑部门能源需求、实现能源可持续发展具有至关重要的作用，且节能力度越大，能源消费的控制效果越显著。

4.1.2 不同情景下的能源消费结构

在建筑电气化程度持续提高的趋势下，大湾区建筑部门能源消费结构呈现明显的电气化主导态势（见图 4-2），鼓励在公共建筑和居住建筑使用更多的智能化、电气化、信息化设备，并实施电代气政策等，用电水平进一步升高。

在 BaU 情景下，随着电代气等政策及智能化、电气化设备的推广，电力在建筑能源消费中的占比不断攀升。到 2060 年，大湾区建筑部门电气化率高达 96.6%，电力成为绝对主导能源，天然气等传统化石能源的占比则持续下降。这反映了在基准发展模式下，建筑部门能源消费向电力快速转型的趋势，不过由于缺乏更有力的节能与能源优化措施，电力消费总量增长较快，2060 年建筑部门用电量达 5 631 亿 kW · h，比 2020 年增长 96%，年均增长率为 1.7%。人均居住生活用电量也持续增长，2060 年达到 2 303 kW · h/（人 · a），这表明在 BaU 情景下，居民生活用电随经济社会发展和电气化设备普及而显著增加，反映了居民对高品质用电生活的追求在常规发展下的自然体现。

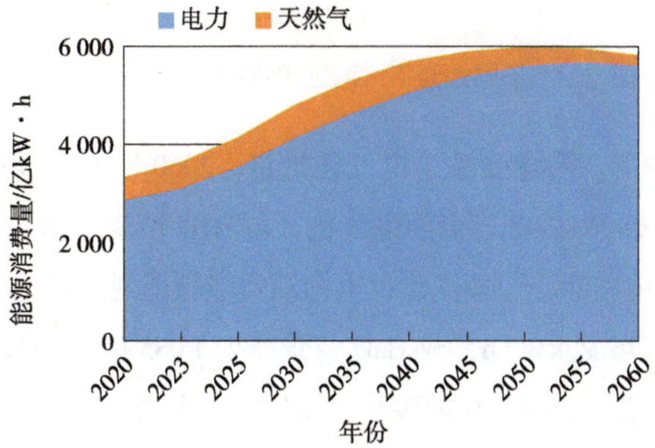

（a）BaU情景

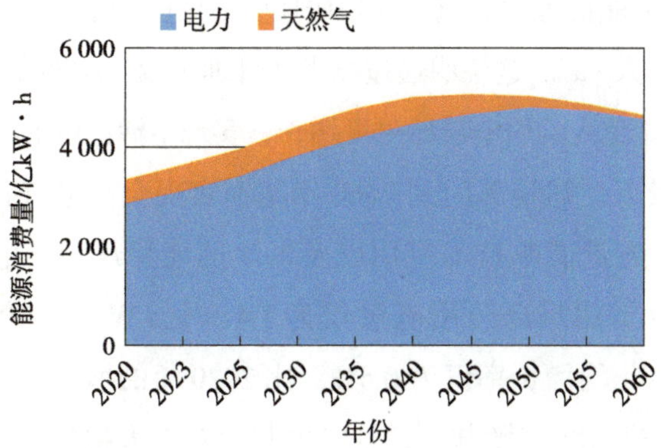

（b）CN1情景

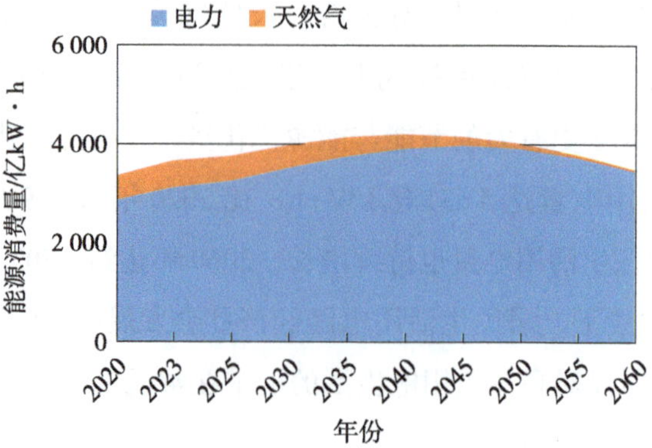

（c）CN2情景

图 4-2　不同情景下大湾区建筑部门能源消费结构

在 CN1 情景下，同样受益于电气化推进，2060 年大湾区建筑部门电气化率进一步提升至 98.5%，接近全面电气化。与 BaU 情景相比，该情景下通过一定的节能技术应用和能源管理优化，电力消费增长得到有效控制。2060 年建筑部门用电量为 4 576 亿 kW·h，较 BaU 情景减少 1 055 亿 kW·h，年均增长率为 1.2%，比 2020 年增长 59%。在能源消费结构中，电力占比更高，同时天然气等能源的占比进一步压缩，体现了在节能与电气化协同发展下，能源消费结构更趋高效清洁。由于节能措施的实施，人均居住生活用电量增长得到控制，2060 年为 1 818 kW·h/（人·a）。这说明通过技术和管理手段，能够在保障居民生活用电品质的同时，避免人均用电量的过度增长，实现生活用电的适度与高效。

在 CN2 情景下，建筑部门到 2060 年基本实现全面电气化，而且通过深度的节能改造、先进能源技术应用以及科学的能源规划，电力消费增长被大幅抑制。2060 年建筑部门用电量仅为 3 449 亿 kW·h，较 BaU 情景减少 2 182 亿 kW·h，年均增长率仅为 0.5%，比 2020 年的增长幅度也远低于前两种情景。能源消费高度依赖电力，且电力利用效率大幅提升，天然气等能源的占比极低，此情景是能源消费结构绿色化、高效化的典型体现。在此情景下，人均居住生活用电量进一步降低，2060 年约为 1 419 kW·h/（人·a）。这得益于深度的节能技术应用，如超低能耗建筑对用电设备能效的极大提升，以及智能化能源管理系统对居民用电的精准调控，使得在满足居民生活用电基本需求甚至更高品质需求的情况下，人均用电量大幅减少，体现了能源利用在民生领域的高效与可持续。

4.1.3　不同情景下的分城市能源消费情况

从不同情景下大湾区各城市建筑能耗量数据来看（见图 4-3），未来大湾区各城市能耗年均增长率相差不大，但城市间数值差异极为显著。下文以 2060 年为例进行论述。

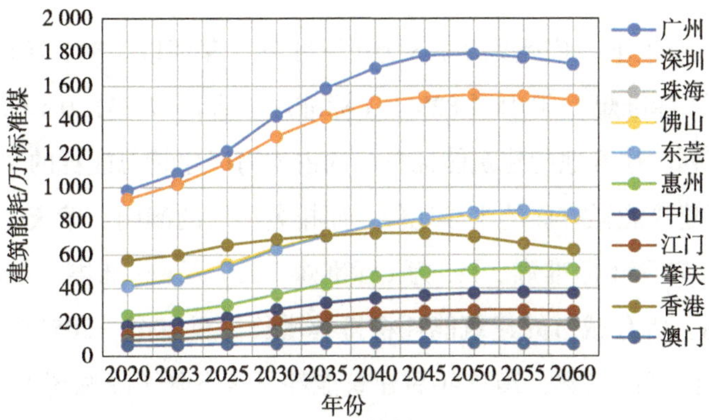

（a）BaU情景

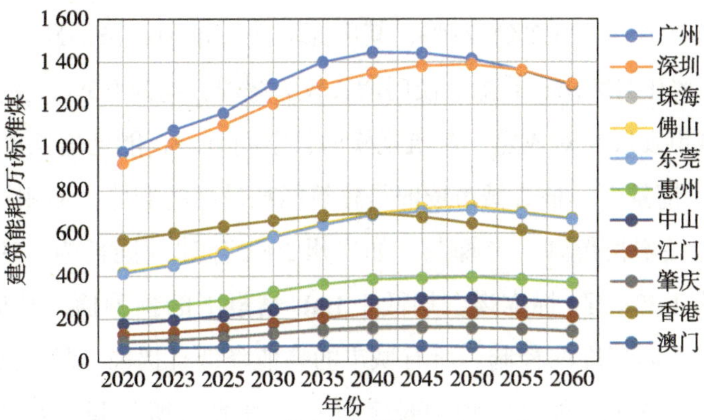

（b）CN1情景

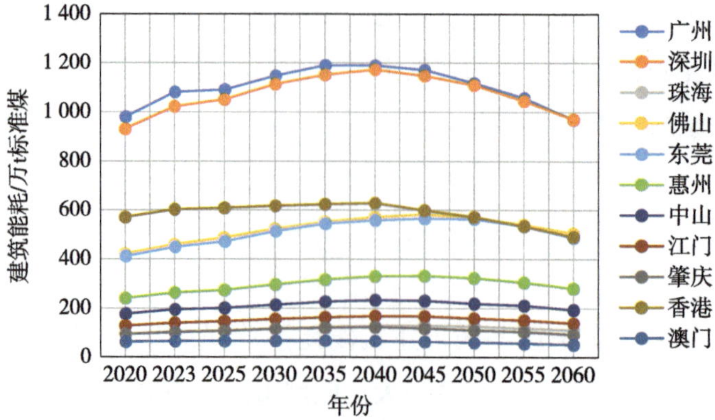

（c）CN2情景

图 4-3 不同情景下大湾区各城市建筑能耗趋势

在 BaU 情景下，广州以 1 728 万 t 标准煤、深圳以 1 517 万 t 标准煤、东莞以 843 万 t 标准煤、佛山以 828 万 t 标准煤、香港以 631 万 t 标准煤的建筑能耗位居前列。这五地的建筑能耗总和约占大湾区建筑总能耗的 77%，充分表明其在区域建筑能耗方面的主导地位。而排名靠后的澳门、肇庆、珠海的建筑能耗分别为 70 万 t 标准煤、185 万 t 标准煤、207 万 t 标准煤，与前列城市形成鲜明对比。所有城市的建筑能耗将持续增长，至 2045—2055 年达峰，其中香港、澳门因城市成熟，2045 年后建筑能耗显著下降（降幅超 12%），但珠三角城市达峰后仅微降。建筑能耗增速方面，珠三角城市增速大体接近，2020—2060 年年均增长率在 1.2%～2.0%，其中深圳等城市因经济活跃、建筑规模扩张快，增长率相对突出；香港、澳门增长较为缓慢，均为 0.3%，主要是因为香港、澳门城市发展相对成熟，建筑规模增长空间有限，能耗增长也较为平缓。

在 CN1 情景下，核心城市依旧是建筑能耗最高的群体，但相较于 BaU 情景，建筑能耗增长得到一定抑制。如广州 2060 年建筑能耗为 1 291 万 t 标准煤，深圳为 1 298 万 t 标准煤，均低于 BaU 情景下的预测值，其他城市的建筑能耗也有不同程度的控制。所有城市的峰值降低且提前，较 BaU 情景下提前 5～10 年。各城市能耗年均增长率较 BaU 情景有所下降，香港 2060 年建筑能耗较 BaU 情景下降 7%，澳门下降 8.6%，不过核心城市因发展需求，仍保持一定的增长态势，只是速度放缓，大湾区整体年均增长率从 BaU 情景的 1.4% 下降到 0.83%。

在 CN2 情景下，各城市建筑能耗增长得到极大控制，部分城市甚至出现建筑能耗下降，广州、澳门提前到 2035 年达峰，大部分城市 2060 年建筑能耗低于 2020 年水平；核心城市总量大，但深度减排情景下绝对减量最大。政策制定需聚焦广州、深圳、佛山、东莞等核心耗能城市，通过能效提升和新建建筑标准来遏制其增长。

4.1.4 不同情景下的分建筑类型能源消费情况

伴随产业集聚与多业态混合发展，综合用能体集聚带来能源消费变化，公共建筑能耗占建筑总能耗的比例逐年增大。如图 4-4 所示，在 BaU 情景下，到 2060 年，居住建筑能耗和公共建筑能耗分别为 3 035 万 t 标准煤和 4 127 万 t 标准煤，分别占大湾区建筑总能耗的 42% 和 58%。细分来看，城镇居住建筑能耗占比为 38%，农村居住建筑能耗占比为 4%，公共建筑中办公楼、商场、医院、学校、酒店宾馆占比分别为 16%、16%、5%、6%、15%。可见，尽管公共建筑面积小于居住建筑面积，但能耗却远超居住建筑，未来公共建筑能耗将成为能源转型和碳排放控制的关注重点。从各类建筑能耗增长趋势看，酒店宾馆、商场等商业类公共建筑以及办公楼因产业活动、商业运营等需求，能耗增长较为显著；居住建筑中，城镇居住建筑因人口集聚和生活品质提升，能耗也稳步上升。

在 CN1 情景下，公共建筑能耗增长态势仍较为明显，但增速相较于 BaU 情景有所放缓。2060 年，公共建筑能耗为 3 409 万 t 标准煤，比 BaU 情景减少了 718 万 t 标准煤，占建筑总能耗的比例扩大到 60%，比 2020 年增加了 5 个百分点；居住建筑能耗为 2 301 万 t 标准煤，比 BaU 情景减少了 734 万 t 标准煤。在这一情景下，节能措施对公共建筑和居住建筑的能耗增长起到了一定的抑制作用，不过产业与多业态发展对公共建筑用能的推动依然强劲。

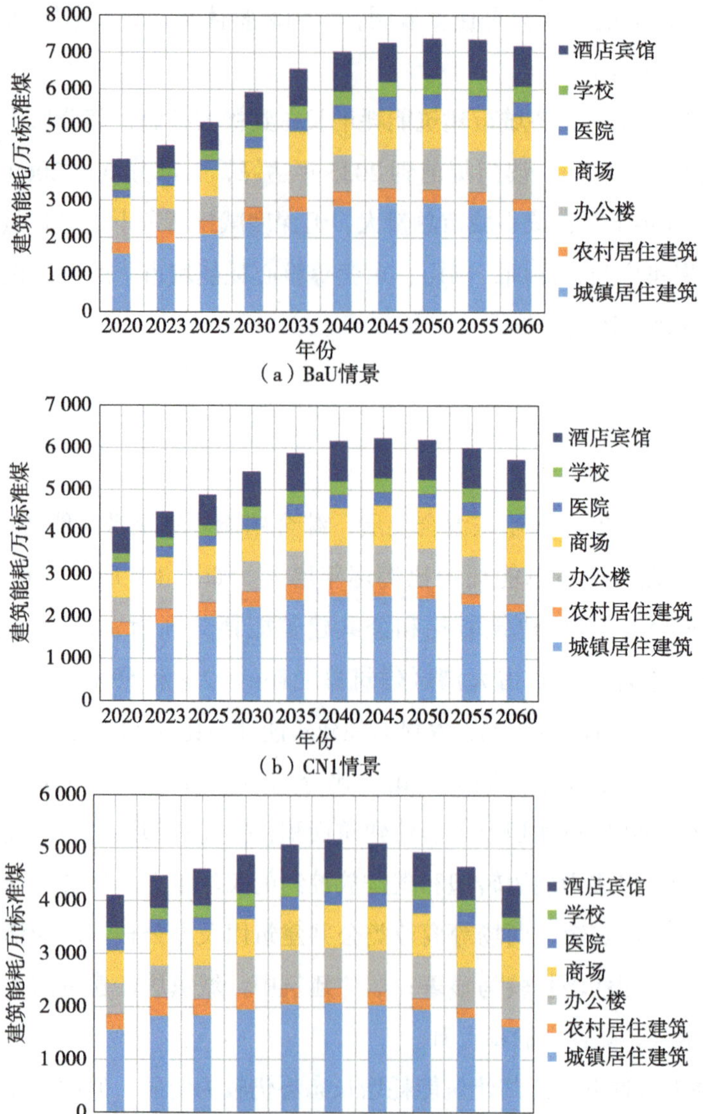

（a）BaU情景

（b）CN1情景

（c）CN2情景

图 4-4　不同情景下大湾区不同建筑类型能耗

在 CN2 情景下，公共建筑和居住建筑的能耗增长得到有效控制。2060 年，公共建筑能耗为 2 510 万 t 标准煤，比 BaU 情景减少了 1 617 万 t 标准煤，占比相较于 CN1 情景有所回落，下降到 59%。深度节能与低碳发展策略有效遏制了公共建筑能耗占比的增长，使建筑部门能源消费结构在一定程度上向更均衡的方向发展。居住建筑能耗也因节能改造而增长显著放缓，到 2060 年，居住建筑能耗为 1 771 万 t 标准煤，比 BaU 情景减少了 1 264 万 t 标准煤。

如图 4-5 所示，3 种情景下居住建筑能耗都呈现先上升后下降的趋势，将在 2040—2045 年达峰，峰值分别为 3 331 万 t 标准煤、2 829 万 t 标准煤、2 356 万 t 标准煤。在 BaU 情景下，居住建筑能耗增长相对持续且幅度较大，到 2045 年达峰，峰值为 3 331 万 t 标准煤，到 2060 年下降到 3 034 万 t 标准煤，整体处于较高水平。在 CN1 情景下，能耗增长速度相较于 BaU 情景有所放缓，达峰时间提早到 2040 年，峰值为 2 829 万 t 标准煤，低于 BaU 情景，且到 2060 年下降到 2 301 万 t 标准煤，较 BaU 情景下降 24%，说明在该情景下采取的一些节能措施对居住建筑能耗增长起到了抑制作用。在 CN2 情景下，能耗增长则得到更有效的控制，达峰时间同样为 2040 年，但是峰值比 CN1 情景减少了 473 万 t 标准煤，到 2060 年为 1 771 万 t 标准煤，较 BaU 情景下降 42%。反映了在 CN2 情景下，可能有更严格的节能政策、更先进的节能技术应用，使居住建筑能耗在全周期内的增长都受到更好的管控，最终能耗水平更低。

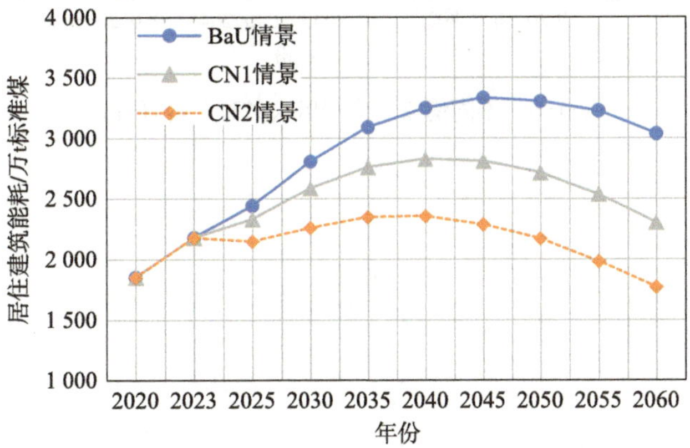

图 4-5　不同情景下大湾区居住建筑能耗变化

如图 4-6 所示，3 种情景下公共建筑能耗仍将呈现较为强劲的增长趋势，达峰时间相比居住建筑晚。在 BaU 情景下，公共建筑能耗到 2060 年都未达峰，2020—2060 年年均增长率为 1.5%，始终保持增长态势，这反映了在基准发展模式下，随着产业集聚、多业态混合发展以及综合用能体的集聚，公共建筑的能源需求持续增加，没有明显的能耗峰值出现。在 CN1 情景下，公共建筑能耗增长速度相较于 BaU 情景有所放缓，年均增长率为 1.1%，能耗将于 2050 年达峰，峰值为 3 464 万 t 标准煤，到 2060 年下降到 3 410 万 t 标准煤，较 BaU 情景下降 17%。在 CN2 情景下，公共建筑能耗增长得到更有效的控制，达峰时间提前到 2045 年，峰值也下降到 2 803 万 t 标准煤，到 2060 年为 2 510 万 t 标准煤，较 BaU 情景下降 39%。

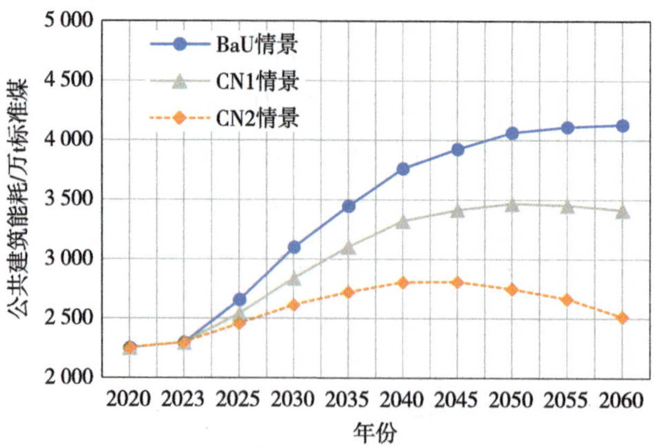

图 4-6　不同情景下大湾区公共建筑能耗变化

4.2　大湾区建筑部门碳中和情景分析

4.2.1　不同情景下的碳排放总体情况

在 3 种情景下，大湾区建筑部门在 2025 年前后实现碳达峰，峰值分别为

15 655 万 t CO_2、14 019 万 t CO_2、13 715 万 t CO_2（见图 4-7）。

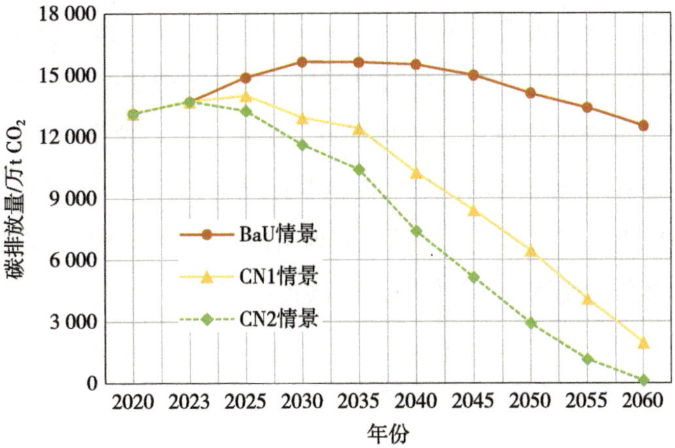

图 4-7　不同情景下大湾区建筑部门碳排放量

在 BaU 情景下，建筑部门碳排放量呈现先增长后下降的趋势，从 2020 年的 13 131 万 t CO_2 上升至 2030 年的峰值 15 655 万 t CO_2，此阶段增量明显，反映了在基准发展模式下，政策干预不足、建筑规模扩张、能源需求上升等因素对碳排放的推动作用。2030 年后，碳排放量缓慢下降，到 2060 年下降到 12 511 万 t CO_2，较峰值下降 20.1%，未实现近零碳排放，反映了 BaU 情景下，建筑规模扩张主导排放量增长，碳排放量年均增速小于能耗年均增速，表明建筑运行阶段电力碳排放因子降低，但仅能部分抵消增量。

在 CN1 情景下，建筑部门碳达峰时间提前至 2025 年，之后碳排放增长态势被及时遏制。从减排幅度来看，到 2060 年，碳排放量下降到 1 972 万 t CO_2，较 BaU 情景减少 10 539 万 t CO_2，减排效果突出。这种变化源于政策的有力干预，相关低碳政策（如建筑节能标准提升、绿色建筑推广、低碳能源在建筑领域的强制应用等）有效抑制了建筑碳排放量的增长，推动其快速进入减排通道，体现了政策对建筑部门碳减排的显著引导和约束作用。

CN2 情景展现了深度减排的特点，达峰时间在 2025 年前。到 2060 年，碳排放量下降到 135 万 t CO_2，较 BaU 情景减少 12 376 万 t CO_2，接近实现建筑部门近零碳排放。这是多种因素协同作用的结果：政策实施力度进一步加大，更严格的低碳发展要求覆盖建筑全生命周期，从规划、设计、建造到运行维护各环节均采取有针对性的减排举措；此外，建筑全面电气化、电网深度脱碳，电力系统中绿电占比大幅提升，建筑用电的碳排放强度急剧下降；同时，随着这些措施的推进，建筑面积等传统与碳排放强相关因素对碳排放的影响逐渐减小，建筑部门碳排放更多地由能源结构、技术水平等因素决定，全方位的减排合力促使建筑部门向近零碳目标迈进。

4.2.2 不同情景下的碳排放结构

建筑部门的碳排放主要来自电力，在少气政策以及电力供给清洁化的推动下，CN 情景下随着建筑能耗管理节能技术推广，建筑部门碳排放量进一步下降，提前到 2025 年达峰，到 2060 年大湾区建筑部门达到近零碳排放（见图 4-8）。

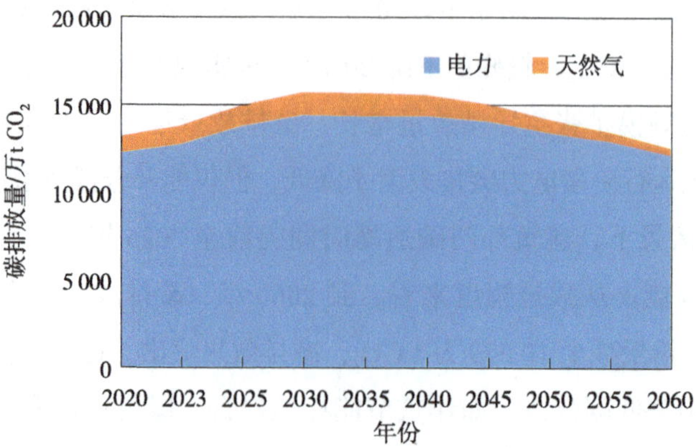

（a）BaU情景

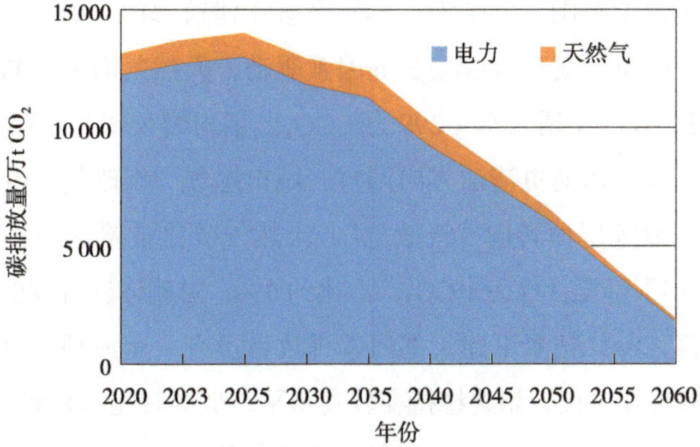

（b）CN1情景

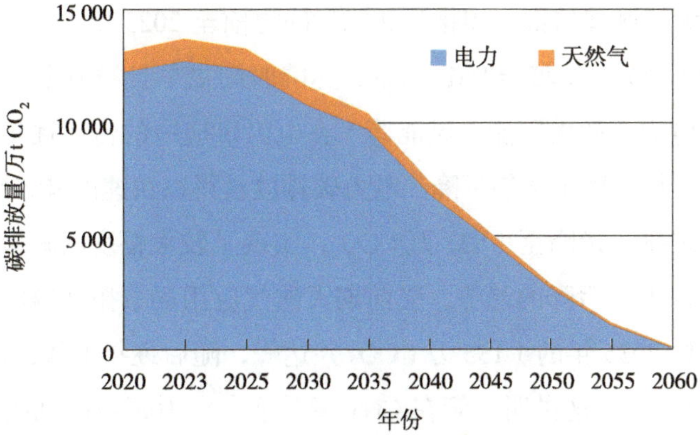

（c）CN2情景

图 4-8　不同情景下大湾区建筑部门碳排放结构

在 BaU 情景下，大湾区建筑部门碳排放呈现对电力的高度依赖且长期维持高碳水平的特征。从碳排放数据来看，电力碳排放量在 2030 年达峰，峰值为 14 383 万 t CO_2，年均增长率为 1.6%。达峰后虽缓慢下降，但到 2060 年仍有 12 134 万 t CO_2，其在建筑部门碳排放量中的占比长期稳定在 95% 左右。这表明在基准发展模式下，建筑部门对电力的依赖程度较高，电力作为主要能源的地位难以撼动。建筑运行、各类设备使用等对电力的需求始终处于高位，且缺乏有效的低碳替代或节能技术革新来大幅降低电力碳排放量。前期受城市天然气铺设范围不断扩大、燃气设备在建筑部门（如炊事、商业建筑能源供应等）的应用场景持续拓展等因素驱动，天然气需求不断增加，天然气碳排放量到 2035 年增长至 1 299 万 t CO_2，年均增长率为 3.1%。不过，后期随着能源结构整体向更清洁方向调整，城市燃气“煤改气”带来的增长红利逐渐消退，政策层面转向“气改电”，天然气碳排放量的增长态势有所放缓，到 2060 年下降至 377 万 t CO_2，占比约 3%，对整体碳排放的影响相对有限。整体而言，BaU 情景下建筑部门碳排放量虽有一定波动，但因电力碳排放量的高基数与高占比，始终维持在较高水平，低碳转型进程缓慢。

在 CN1 情景下，受益于建筑能耗管理节能技术的推广以及电力供给清洁化的推进，大湾区建筑部门碳排放达峰时间提前至 2025 年，电力碳排放峰值为 12 977 万 t CO_2，相较于 BaU 情景，达峰时间更早且峰值更低。2030 年之后，可再生电力（如太阳能、风能等）在电力供应中的占比逐年上升，这直接推动电力碳排放因子逐年下降，电力碳排放量得以快速削减，到 2060 年建筑部门电力碳排放量降至 1 837 万 t CO_2，实现了较大幅度的减排。天然气碳排放量则呈现先增后降的趋势，受前期天然气应用场景拓展等因素影响，碳排放量增长到 2035 年的 1 135 万 t CO_2 并达峰，随后逐年下降，但到 2060 年仍有 135 万 t CO_2。这说明尽管在 CN1 情景下，电力领域的低碳转型成效显著，但天然气在建筑部门仍有一定的存量需求，其减排进程相对电力而言较为滞后，不过整体上建筑部门碳排放量因电力碳排放量的大幅减少而得到有效控制，低碳发展取得一定进展。

在 CN2 情景下，在电网深度减排的强力推动下，大湾区建筑部门电力碳排放量得到极致削减，电力碳排放量到 2060 年仅剩 69 万 t CO_2，接近零碳排放水平。这意味着电网通过技术创新（如更高效的可再生能源发电与传输技术、碳捕集与封存技术在电力领域的应用等）、能源结构的深度优化（可再生能源占比极高）等措施，几乎消除了电力供应环节的碳排放，建筑部门因电力消费产生的碳排放量微乎其微。结合天然气碳排放情况，在 CN2 情景下，建筑部门整体碳排放量随着电力碳排放量的锐减，朝着近零碳排放的目标快速迈进。2060 年，大湾区建筑部门达到近零碳排放，充分体现了在少气政策、电力供给清洁化以及电网深度减排等多重因素的共同作用下，建筑部门能源消费结构实现了根本性变革，从传统的高碳能源依赖转向以几乎零碳的电力为主，天然气等其他能源的碳排放量也被大幅压缩，成功完成了向低碳甚至近零碳发展模式的转型。

4.2.3 不同情景下的分城市碳排放情况

如图 4-9 所示，在 BaU 情景下，香港、澳门凭借相对成熟的城市发展与既有能源消费模式，于 2025 年率先实现碳达峰，香港峰值为 1 933 万 t CO_2，澳门峰值为 207 万 t CO_2，此前年均增长率分别为 1.3%、0.5%，达峰后缓慢下降，但整体碳排放水平仍较高，这是因为香港、澳门建筑密度大，既有建筑节能改造进展有限，能源消费以传统电力与天然气为主，转型动力不足。而广州、深圳、珠海等其他城市受城市建设持续推进、建筑规模不断扩大等因素影响，建筑部门碳排放量达峰时间集中在 2030—2040 年。广州于 2035 年达峰，峰值为 3 802 万 t CO_2，达峰前年均增长率为 1.2%；深圳于 2030 年达峰，峰值为 3 497 万 t CO_2，年均增长率为 1.5%。这些城市达峰后，碳排放量下降缓慢，到 2060 年广州仍有 3 021 万 t CO_2，深圳有 2 654 万 t CO_2，广州和深圳是建筑部门碳排放量最高的两个城市；其他碳排放量靠前的城市还有东莞、佛山、香港，建筑部门碳排放量分别为 1 474 万 t CO_2、1 445 万 t CO_2、1 102 万 t CO_2。原因在于建筑部门对传统能源依赖度高，电力以化石能源发电为主，天然气应用虽有增长但缺乏清洁替代，同时建筑节能技术推广不足，导致碳排放量长期维持在较高水平。

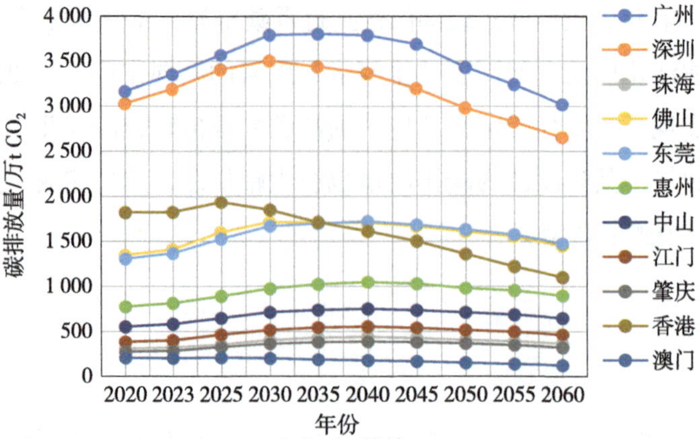

（a）BaU情景

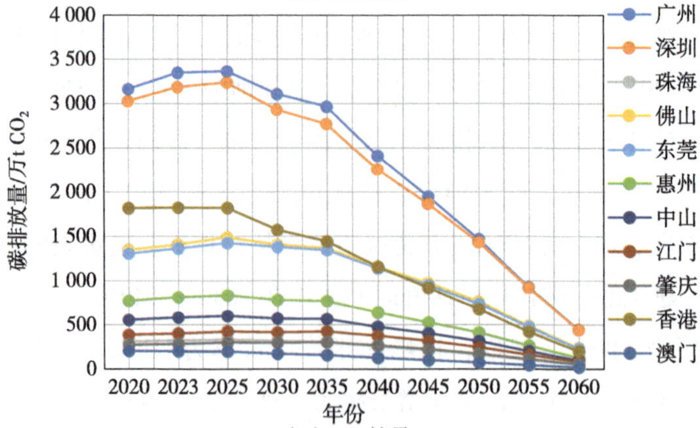

（b）CN1情景

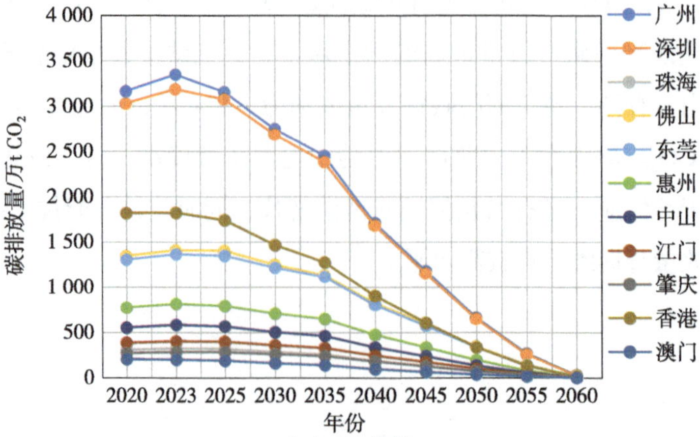

（c）CN2情景

图 4-9　不同情景下大湾区各城市建筑部门碳排放量

在 CN1 情景下，得益于严格的节能措施与建筑能耗管理技术的推广，大湾区多数城市建筑部门碳达峰时间显著提前。大部分城市提前到 2025 年前后达峰，香港、澳门更是在 2025 年前就实现了碳达峰。香港峰值为 1 821 万 t CO_2，澳门峰值为 202 万 t CO_2。其他城市（如广州、深圳）都提前到 2025 年达峰，峰值分别为 3 365 万 t CO_2、3 235 万 t CO_2。达峰后，随着可再生电力占比逐年上升，电力碳排放因子下降，建筑部门碳排放量持续降低，2060 年广州降至 442 万 t CO_2，深圳降至 438 万 t CO_2。碳排放量最少的几个城市是澳门、珠海、肇庆和江门，其碳排放量分别为 21 万 t CO_2、49 万 t CO_2、54 万 t CO_2 和 80 万 t CO_2，这与几个城市建筑体量小有很大关联。在 CN1 情景下，节能措施的实施有效地抑制了建筑能源需求增长，能源结构的初步优化也助力了碳排放的削减，但天然气等能源仍有一定存量排放，还无法达到近零碳排放。

在 CN2 情景下，在电网深度减排、建筑领域全面低碳转型等多重因素作用下，大湾区各城市建筑部门碳排放量呈现快速下降态势，到 2060 年大湾区各城市建筑部门整体接近零碳排放。广州 2023 年达峰后，碳排放量持续锐减，2060 年仅剩 29 万 t CO_2，2020—2060 年年均下降 -11.1%；深圳同样达峰后快速下降，2060 年为 24 万 t CO_2，年均下降 -11.4%。其他城市也大体趋同，即碳排放量锐减。这种变化的核心原因是电网通过深度技术创新，实现了可再生能源的大规模、高效利用，电力碳排放量几乎为零，而建筑部门能源消费以电力为主，因此碳排放量大幅降低。同时，建筑领域全面应用低碳技术，如超低能耗建筑、高效能源管理系统等，进一步减少了能源需求，天然气等其他能源的使用也被严格限制并逐步替代，最终推动各城市建筑部门在 2060 年趋近零碳排放。

4.2.4 不同情景下的分建筑类型碳排放情况

在 BaU 情景下，公共建筑、城镇居住建筑、农村居住建筑分别在

2040 年、2035 年、2023 年实现碳排放达峰，峰值分别为 8 400 万 t CO_2、6 353 万 t CO_2、1 087 万 t CO_2。公共建筑方面，凭借大湾区人口持续聚集、服务业高增速发展的动力，酒店宾馆、商场、办公楼等作为服务业核心载体，能源需求长期维持高位，且由于受传统能源（电力、天然气等）主导，低碳转型滞后，碳排放量始终居高不下，2060 年仍保持较高水平，碳排放量与 2020 年持平，维持在 7 235 万 t CO_2，在建筑部门碳排放量中的占比达 58%。其中，商场和医院于 2030 年达峰，办公楼、学校和酒店宾馆在 2040 年达峰，后续虽增速放缓，但高基数下总量难降。城镇居住建筑因城镇化推进、居住规模不断扩大、能源消费稳定且以传统能源为主，碳排放量维持在较高水平，2060 年占比为 38%，仍然有 4 742 万 t CO_2。农村居住建筑规模相对小，2060 年占比为 4%，但同样依赖传统能源，碳排放水平保持一定高度。整体来看，BaU 情景下建筑部门碳排放量长期处于高位，缺乏有效的减排动力，是典型的传统高碳发展路径。

在 CN1 情景下，公共建筑与城镇居住建筑提前到 2025 年实现碳排放达峰，峰值分别为 7 391 万 t CO_2、5 631 万 t CO_2。到 2060 年，公共建筑、城镇居住建筑、农村居住建筑的碳排放量占比分别为 56%、40%、4%。公共建筑碳排放虽仍有一定规模，但相较于 BaU 情景已经大幅减少（6 121 万 t CO_2），占比也略有下降，这是因为节能技术在公共建筑领域得到一定推广，能源利用效率提升，不过服务业增长带来的能源消费增量仍使其碳排放量保持较高水平。城镇居住建筑和农村居住建筑到 2060 年还有少量天然气碳排放量，这是因为在该情景下，电力低碳转型取得一定进展，相较于 BaU 情景，城镇居住建筑碳排放量和农村居住建筑碳排放量分别减少 3 960 万 t CO_2 和 459 万 t CO_2。整体而言，各类型建筑碳排放水平较 BaU 情景大幅降低，但距离深度减排仍有差距。

在 CN2 情景下，各类建筑都在 2025 年前后实现碳排放达峰。到 2060 年，公共建筑、城镇居住建筑、农村居住建筑的碳排放量占比分别为 31%、61%、8%。公共建筑碳排放量占比大幅下降，碳排放水平也极低，这是因为公共建筑领域不仅节能技术得到全面普及，也实现了能源结构的深度清洁化，电力几乎由可再生能源供应，同时服务业发展带来的能源消费增量被高效的低碳技术与能源结构完全抵消。城镇居住建筑占比显著提升，是因为在深度减排背景下，天然气在居住建筑领域仍有存量应用，尚未完全被清洁电力替代，所以仍有部分碳排放量，而其作为建筑部门碳排放量中占比较大的部分，在其他类型建筑碳排放量大幅下降时，其占比相对提升。农村居住建筑占比也有所上升，同样是由于能源结构清洁化与节能技术的全面覆盖，碳排放水平大幅降低，在整体碳排放量中的占比相对提升。整体上，各类型建筑碳排放水平都趋近极低水平，实现了深度减排与结构的重塑。

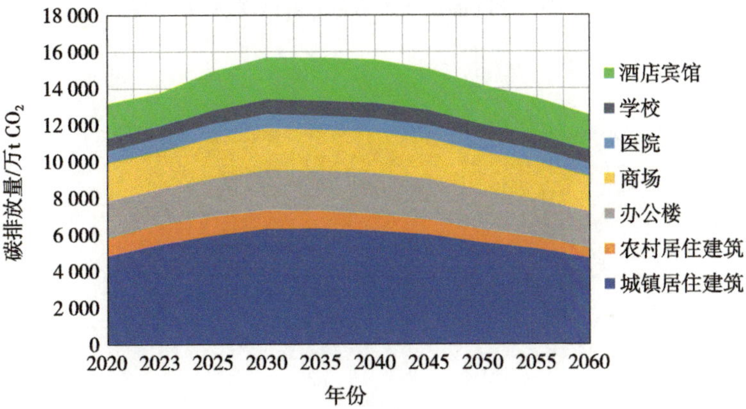

（a）BaU情景

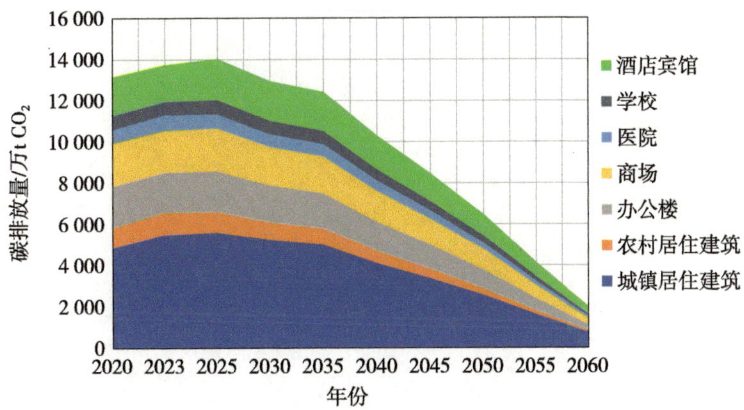

（b）CN1情景

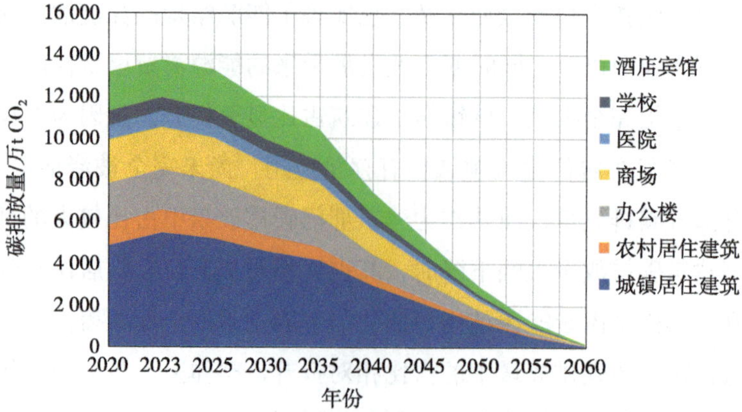

（c）CN2情景

图 4-10　不同情景下大湾区分类型建筑碳排放量

第5章

粤港澳大湾区建筑部门碳中和路径

粤港澳大湾区是高速发展的超大型区域，大湾区内的各城市正通过制定绿色建筑标准与打造示范项目，在提升建筑能效领域稳步推进。然而，要实现向零碳排放、高能效、强韧性建筑环境的转型，仍需加码政策支持与投资力度。

5.1 节能潜力

在无额外建筑节能政策与技术干预的 BaU 情景下，受城市扩张、人口增长及建筑规模扩大的驱动，大湾区建筑部门能源消费呈持续上升趋势。从数据来看，能源消费量将从 2020 年的 4 104 万 t 标准煤逐步增长，到 2060 年达到 7 162 万 t 标准煤。这一趋势的背后是传统发展模式中存在的多重问题：建筑用能设备能效偏低，能源结构以化石能源为主导，节能技术应用不足且缺乏有效政策引导，导致建筑运行过程中的能源浪费现象普遍存在。

CN1 情景以提升建筑能效为核心，通过推广一系列先进节能技术实现能耗降低。如优选中央空调高效机房系统集成技术，可大幅提升中央空调系统的运行效率，减少制冷、制热环节的能源损耗；中央空调智能控制系统能根据实际需求智能调节运行参数，避免不必要的能源浪费；电梯群控系统技术实现多台电梯高效协同，降低运行能耗；智能照明系统依据环境光线和人员活动情况自动调节照明亮度，实现照明节能；建筑围护结构节能技术的应用（如采用高效保温材料、优化门窗设计等）能减少建筑室内与外界的热量传递，降低空调和采暖的能源需求；此外，太阳能空气能热水器智能控制技术、厨房电气化及高效灶具的普及，配合相关政策与管理措施，共同推动建筑能效显著提升，使其成为建筑部门节能的核心手段。能效提升对节能的贡献在 2040 年达到 68%；到 2060 年大湾区建筑部门能源消费需求较 BaU 情景下降 20%，减少能耗 1 452 万 t 标准煤，能源消费量降至 5 710 万 t 标准煤（见

图 5-1）。值得注意的是，在该情景前期，能源结构调整的作用相对有限，后期随着电力结构优化及建筑运行“气改电”等措施推进，能源结构调整的影响才逐步显现，但整体上能效提升的贡献仍占主导地位。相较于 BaU 情景，CN1 情景下通过能效提升和能源结构调整累计节能 7 243 万 t 标准煤，其中能效提升占 66%，累计节能 4 761 万 t 标准煤，能源结构调整占 34%，累计节能 2 482 万 t 标准煤。

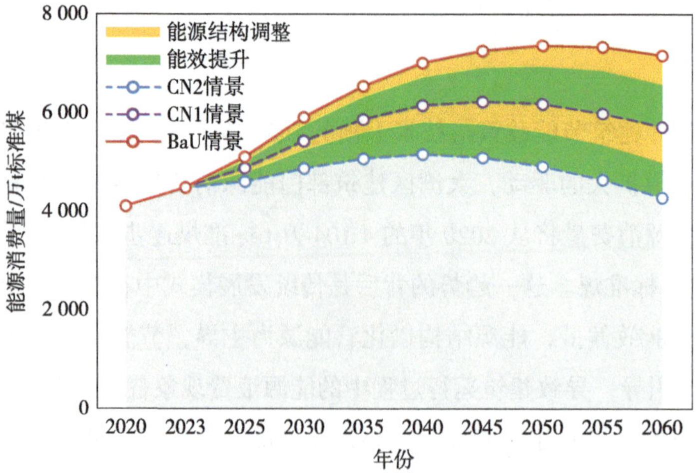

图 5-1　大湾区建筑部门未来节能潜力

CN2 情景在 CN1 情景的基础上进一步强化能源结构调整与能效提升的协同效应。一方面，持续深化各类建筑节能技术的应用，确保能效提升的优势得以保持；另一方面，借助发电能源结构改革，大力推进建筑运行过程中直接碳排放的“气改电”，提高电力在建筑用能中的占比。随着碳中和目标下电力结构的优化，清洁电力在建筑用能中的占比持续提升，能源结构调整的贡献逐渐与能效提升持平。到 2060 年，大湾区建筑部门用能较 CN1 情景进一步下降 25%，较 BaU 情景减少 2 881 万 t 标准煤，能源消费量仅为 4 281 万 t 标准煤。在节能潜力释放上，能效提升和能源结构调整共同发力，使建筑部门节能效果更为显著。相较于 CN1 情景，CN2 情景通过能效提升和能源结构调整累计节能 7 783 万 t 标准煤，其中能效提升占 59%，累计节能 4 579 万 t 标准煤，能源结构调整占 41%，累计节能 3 204 万 t 标准煤。

在居住建筑领域，不同情景下的节能表现差异显著，展现了较大的节能潜力。如图 5-2 所示，相较于 BaU 情景，在 CN1 情景下，通过能效提升和能源结构调整累计节能 3 603 万 t 标准煤。其中，能效提升凭借各类节能技术的深化应用，占节能量比例高达 72%，累计节能 2 585 万 t 标准煤，能源结构调整虽在前期作用相对有限，但也为节能作出贡献，占节能量比例为 28%，累计节能 1 018 万 t 标准煤。

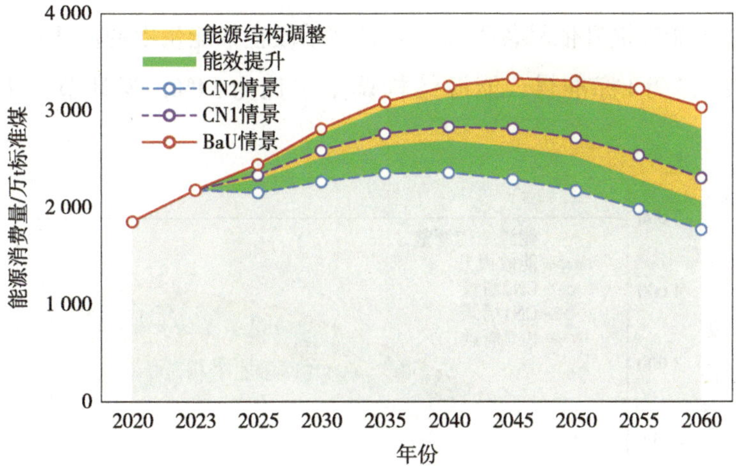

图 5-2　大湾区居住建筑未来节能潜力

CN2 情景则在 CN1 情景的基础上，一方面持续深化居住建筑节能技术应用，另一方面随着电力结构向清洁化转型，不断提高清洁电力在居住建筑用能中的占比，能源结构调整的节能贡献逐渐提升。相较于 CN1 情景，CN2 情景通过能效提升和能源结构调整累计节能 3 550 万 t 标准煤。其中，能效提升依旧是节能的重要力量，占节能量比例为 65%，累计节能 2 300 万 t 标准煤，能源结构调整的占比提升至 35%，累计节能 1 250 万 t 标准煤，二者协同发力，使居住建筑领域的节能效果更为显著。

公共建筑涵盖办公、商业、文体等多种类型，由于建筑功能多元化、用能设备密集且运行时间长，随着城市发展中公共建筑规模的持续扩大以及服务需求的不断增加，能源消费一路攀升，如大型商场的空调全天运行、办公楼宇的设备长期待机等情况，能源损耗严重。

CN1 情景聚焦公共建筑能效提升，通过多元技术与管理策略实现节能。例如，在商业综合体采用错峰用能管理，合理调整空调、照明等设备的运行时段，避开用电高峰；利用大数据分析公共建筑的用能模式，精准优化能源分配；对老旧公共建筑的用能系统进行节能改造，如更换高效的锅炉、制冷机组等。如图 5-3 所示，相较于 BaU 情景，CN1 情景累计节能 3 641 万 t 标准煤，其中能效提升依靠各类技术和管理手段在节能量中的占比达 66%，累计节能 2 395 万 t 标准煤，能源结构调整占比为 34%，累计节能 1 246 t 标准煤。

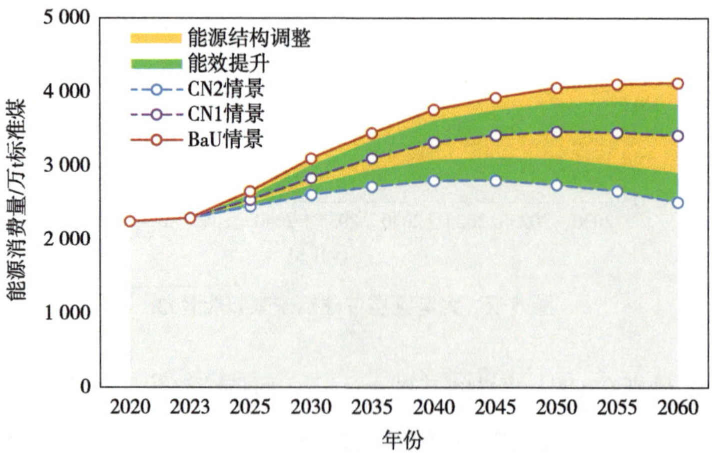

图 5-3　大湾区公共建筑未来节能潜力

CN2 情景则是在 CN1 的基础上，深度融合能效提升与能源结构调整。一方面，进一步创新公共建筑节能技术，如在政府办公楼等公共建筑大规模铺设智能光伏幕墙，既能满足建筑美观需求，又能高效发电；另一方面，大力推动公共建筑用能的“以电代气”，同时借助电力系统向清洁能源转型的趋势，让公共建筑更多地使用清洁电力。相较于 CN1 情景，CN2 情景累计节能 4 233 万 t 标准煤，其中能效提升占 51%，累计节能 2 151 万 t 标准煤，能源结构调整占比提升至 49%，累计节能 2 082 万 t 标准煤。

5.2 减排潜力

从不同情景来看，各情景下大湾区建筑部门未来都有显著的减排潜力，且减排的驱动因素与结构存在差异。

如图 5-4 所示，BaU 情景下大湾区建筑部门碳排放量呈现先增长后缓慢下降的趋势，到 2060 年，建筑部门碳排放量保持在 12 511 万 t CO_2 的较高水平，不利于实现碳减排目标。

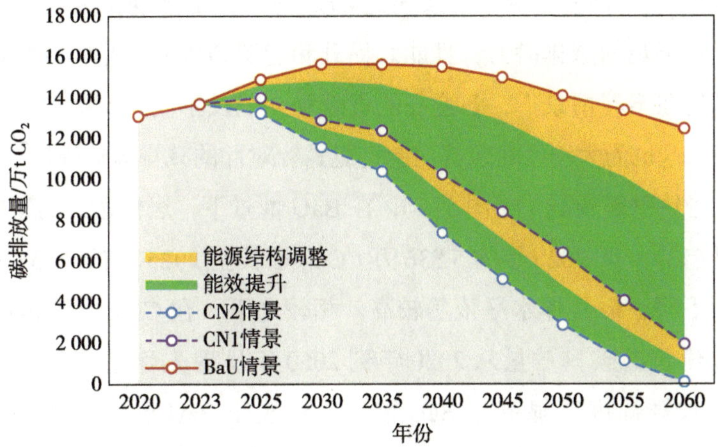

图 5-4　大湾区建筑部门未来减排潜力

在 CN1 情景下，大湾区建筑部门 2060 年的碳排放量将较 BaU 情景下降 84%，减排 10 539 万 t CO_2。其中，居住建筑和公共建筑分别贡献了

4 418 万 t CO_2 和 6 121 万 t CO_2 的减排量，占比分别为 42% 和 58%，这充分表明公共建筑和城镇居住建筑在 CN1 情景下具备极大的减排潜力，是推动该情景下减排的关键领域。从减排的驱动因素而言，相较于 BaU 情景，CN1 情景主要依靠能效提升和能源结构调整来实现减排，二者累计减排量高达 46 193 万 t CO_2。其中，能效提升发挥了更为突出的作用，累计减排 30 196 万 t CO_2，能源结构调整累计减排 15 997 万 t CO_2，可见通过技术进步等方式提高建筑能效，是 CN1 情景下减排的核心手段，同时能源结构的优化也为减排提供了重要支撑。

CN2 情景通过能效提升和能源结构调整，能够在 CN1 情景减排的基础上再实现累计减排 18 483 万 t CO_2。其中，能效提升累计减排 11 078 万 t CO_2，能源结构调整累计减排 7 406 万 t CO_2。这表明 CN2 情景同样重视能效提升与能源结构调整对减排的作用，不过在减排的规模和结构上与 CN1 情景有所不同，反映了不同情景下，针对建筑部门减排所采取的策略和重点存在差异，进而导致减排潜力的释放情况也各不相同。

综合来看，无论是 CN1 情景还是 CN2 情景，都体现了大湾区建筑部门在未来有着可观的减排潜力，且能效提升和能源结构调整是实现减排的重要途径，只是在不同情景下，各途径的贡献程度以及不同建筑类型的减排表现有所区别，这也为大湾区建筑部门制定更具针对性的减排策略提供了依据。

对于居住建筑领域（见图 5-5），在 BaU 情景下，居住建筑的碳排放量前期呈上升趋势，从 2020 年的 5 836 万 t CO_2 增长至 2025 年的 7 358 万 t CO_2，之后逐渐下降，但整体水平依然较高。相较之下，在 CN1 情景和 CN2 情景下，居住建筑的碳排放量从 2020 年到 2060 年呈现先稳定、后逐渐下降的趋势，且减排幅度明显高于 BaU 情景。相较于 BaU 情景，CN1 情景通过能效提升和能源结构调整累计减排 20 395 万 t CO_2。其中，能效提升累计减排 14 591 万 t CO_2，能源结构调整累计减排 5 804 万 t CO_2。CN2 情景下，在 CN1 情景减排基础上再实现 8 642 万 t CO_2 的减排量，其中能效提升累计减排 5 674 万 t CO_2，能源结构调整累计减排 2 968 万 t CO_2，表明能效提升和能源结构调整都能有效促进居住建筑减排，未来在这两方面进一步发力，居住建筑有很大的减排空间。

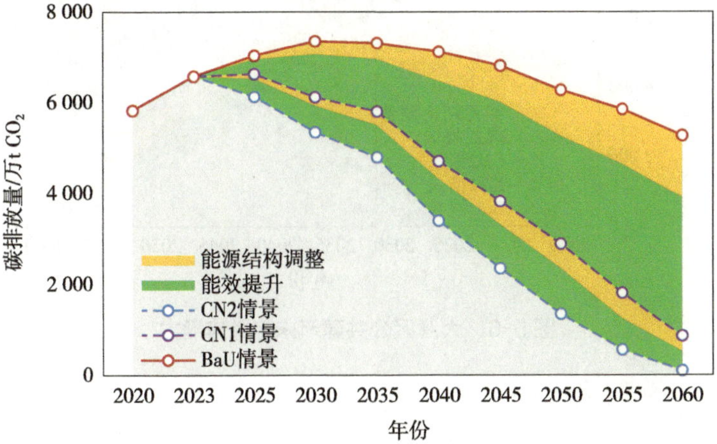

图 5-5　大湾区居住建筑未来减排潜力

对于公共建筑领域（见图 5-6），在 BaU 情景下，公共建筑的碳排放量持续增长到 2040 年的 8 400 万 t CO_2，之后逐渐下降。相较于 BaU 情景，CN1 情景通过能效提升和能源结构调整累计减排 25 799 万 t CO_2。其中，能效提升累计减排 16 841 万 t CO_2，能源结构调整累计减排 8 958 万 t CO_2。CN2 情景下，在 CN1 情景减排基础上再实现 9 841 万 t CO_2 的减排量，其中能效提升累计减排 5 103 万 t CO_2，能源结构调整累计减排 4 738 万 t CO_2。公共建筑的减排潜力在绝对值上大于居住建筑。在 CN1 情景下，公共建筑相比 BaU 情景的减排量比居住建筑多了 5 404 万 t CO_2。这可能与公共建筑的能源消耗规模相对较大、可挖掘的节能空间较多有关，后续在公共建筑领域应加大减排力度，充分释放其减排潜力。

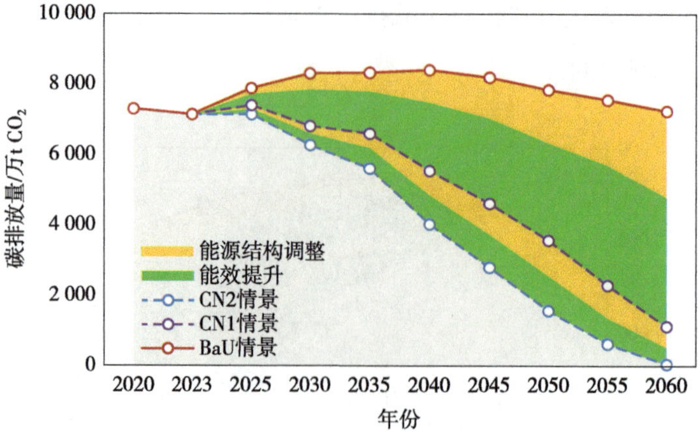

图 5-6　大湾区公共建筑未来减排潜力

5.3　建筑部门碳中和路径

在碳达峰、碳中和目标的宏大背景下，建筑部门作为能源消费与碳排放的重点领域，其碳中和路径的科学规划与有效实施对我国整体碳达峰、碳中和目标的实现起着关键支撑作用。从脱碳的内在逻辑来看，建筑部门全面电气化、逐步淘汰化石能源、进一步提高建筑能效，是顺应时代发展的必然趋势。随着电力系统零碳化进程的持续推进，建筑部门因电力使用产生的间接排放量随之下降，直至实现零碳排放。而建筑部门能否最终达成碳中和目标，核心在于直接碳排放的管控成效，其中建筑部门用能的全面电气化是降低直接碳排放的核心关键举措。建筑领域碳中和路线图见图 5-7。

		2025年	2030年	2040年	2060年
		建立健全绿色建筑应用标准体系，加快制定建筑建造和运营的技术标准，持续推进建筑节能，控制建筑建设规模，提高建筑利用效率。	全面提高新建建筑绿色低碳水平，推动星级绿色建筑发展，新建建筑资源利用率达到国际领先水平；统筹推动既有公共建筑能效提升；用能结构和方式更加优化，可再生能源应用更加充分，绿色建造方式广泛推行，绿色生活方式普遍形成。	推广适宜广东气候的节能减碳技术和产品，持续提升建筑用能设备能效标准，严格淘汰低能效用能设备。加大建筑可再生能源利用，发展建筑表面的可再生能力利用。	采用高效节能的电气化设备，全面推行建筑能源管理，推进建筑实现全面电气化。
建筑	减缓建筑面积增长	居住建筑面积年均增长率控制在2.8%以内，公共建筑面积年均增长率控制在2.6%以内 ⇨	居住建筑面积年均增长率控制在1.9%以内，公共建筑面积年均增长率控制在2.3%以内 ⇨	居住建筑面积年均增长率控制在0.4%以内，公共建筑面积年均增长率控制在1.1%以内 ⇨	居住建筑面积年均增长率控制在0.1%以内，公共建筑面积年均增长率控制在0.4%以内
	能效水平提升	2025年建筑能效较2020年提升5%左右 ⇨	2030年建筑能效较2020年提升8%左右 ⇨	2040年建筑能效较2020年提升12%左右 ⇨	2060年建筑能效较2020年提升20%左右
	能源结构优化	2025年居住建筑的电力消费占比达到85%，公共建筑电力消费占比达到89% ⇨	2030年居住建筑的电力消费占比达到87%，公共建筑电力消费占比达到92% ⇨	2040年居住建筑的电力消费占比达到92%，公共建筑电力消费占比达到96% ⇨	2060年居住建筑的电力消费占比达到98%，公共建筑实现全面电气化
减缓建筑面积增长		√加强城乡建设规划管理 √优化城市空间布局 √合理控制建筑规模 √合理设置建设用地控制性指标	√大力发展装配式建筑 √优化城镇结构和功能布局 √在保障性需求的同时降低房屋空置率	√发展高端高质现代服务经济，加速单位公共建筑面积产出增长 √增强居住建筑的耐用性	√超低能耗、低碳建筑、全零碳建筑成为未来建筑发展的新方向
能效水平提升		√推动低碳节能技术应用 √提升建筑用能设备能效标准 √倡导低碳生活方式	√对新建建筑全面执行绿色建筑标准 √大力推广既有建筑的绿色化改造	√积极推广太阳能光伏、太阳能光热、空气源热泵等技术在建筑中的应用 √全面开展用能监管	√积极推广太阳能光伏、太阳能光热、空气源热泵等技术在建筑中的应用 √完成全部既有建筑改造
能源结构优化		√推广使用管道燃气 √提高建筑电气化水平，减少终端碳排放	√实现电力供应低碳化 √积极推动生活热水、炊事等生活用能电气化技术与设备的研发	√推进可再生能源的规模化应用	√实现电力脱碳 √推动实现全面电气化

图 5-7　建筑领域碳中和路线图

建筑部门碳中和的实现与电力系统的脱碳进程深度绑定、互为前提。当电力系统实现深度脱碳时，建筑部门实现碳中和主要依托电力脱碳、建筑电气化和新建建筑能效提升这三大核心支柱；当电力系统脱碳进程较为缓慢时，要达成建筑部门碳中和，就需要多管齐下、协同发力，通过加强对新建建筑能效提升的要求、大力推进既有建筑的深度节能改造、显著提高建筑电气化率及加大建筑可再生能源应用力度等综合手段来实现。碳中和情景以全面提升建筑节能标准为基础，紧密结合低碳建筑技术的前沿发展方向，通过多种技术方案的组合实施与创新应用，最终实现建筑部门的碳中和目标，具体分阶段设定如下。

（1）2025 年：夯实碳中和基础，开启绿色转型新篇章

加强城乡建设规划管理，秉持紧凑型城市的规划原则，从土地使用的合理性、开发强度的科学性、空间管制的规范性、建筑类型的适配性、公共服务设施的完善性以及生态环境的保护性等多维度进行综合考量，科学合理地设置建设用地控制性指标，引导城市建设向集约、高效、绿色的方向发展。

持续深入实施绿色建筑政策，加大绿色建材在城镇新建建筑中的推广应用力度，提升其应用比例；大力推进建筑光伏一体化应用，积极开展近零能耗建筑、零碳建筑的试点示范工作，为后续大规模推广积累经验。

进一步提高新建建筑节能设计标准，推动超低能耗建筑标准建设比例逐年提升，到 2025 年达到 40%。同时，提高公共机构节能智能化管理水平，重点抓好办公楼、学校、医院、商场、酒店宾馆等公共建筑的能耗限额管理，确保公共建筑用能高效、可控；积极推进绿色物业管理，提升建筑物业管理的整体技术水平与服务质量，在 2025 年前完成 10% 既有建筑的节能改造工作，让既有建筑也能逐步向绿色低碳转型。

加快建筑节能技术和设备的研发与应用步伐，充分参考国内外先进地区的技术发展路径与成功经验，持续提升建筑用能设备的能效标准，对低能效用能设备进行严格淘汰，从设备源头把控建筑用能效率。

（2）2030 年：深化绿色建筑发展，加速低碳技术应用

建筑部门持续深化绿色建筑发展，大力推广装配式建筑，通过这种绿色建造方式，减少建筑施工过程中的资源消耗与碳排放。同时，大规模实施既有建筑的绿色化改造，进一步促进建筑能效提升。

在能源使用方面，继续推进天然气和电力在建筑部门的合理使用，加大可再生能源在建筑部门的规模化应用力度。2030 年前，逐步扩大超低能耗建筑的实施范围，使超低能耗标准建设比例达到 100%，并适时开展近零能耗建筑和零碳建筑相关的标准制定与示范工程建设，为建筑领域更高水平的低碳发展提供标准指引与实践范例。

在既有建筑改造方面，在 2030 年前完成 30% 既有建筑的改造工作。为了更好地适配电力系统脱碳进程，建议以 5 年为周期，对全社会电力脱碳进展进行全面评估，根据评估结果及时动态调整既有建筑节能改造的规模和实施强度，确保改造工作与电力脱碳协同推进。

此外，2030 年前大力推广太阳能光伏屋面的应用，力争实现新建建筑太阳能光伏全覆盖，同时积极探索新型建筑电力系统的应用，发展建筑储能和柔性调节等技术，提高建筑用能的灵活性与可再生能源消纳能力。

（3）2040 年：全面推广近零能耗建筑，扩大可再生能源应用

2040 年前，将近零能耗建筑的实施范围扩大到全部新建建筑，从源头上确保新建建筑达到极高的节能水平。不断扩大可再生能源在建筑中的应用规模，积极推广太阳能光伏、太阳能光热、空气源热泵等技术在建筑中的应用，同时合理利用浅层地热能、生物质能等清洁能源。

另外，积极研发并推广生活热水、炊事高效电气化技术与设备，推动建筑用能终端的电气化转型，减少对传统化石能源的依赖，进一步降低建筑直接碳排放。

（4）2060 年：迈向全零碳建筑时代，实现全面电气化

进一步扩大零碳建筑的实施范围，超低能耗建筑、低碳建筑、全零碳建筑将成为未来建筑发展的主流方向。到 2060 年，按照零能耗标准建设的建筑

比例达到 50%，持续积极挖掘建筑部门的节能减排潜力，不断提升建筑能效水平。

以建筑立面资源为重点，大力推广光伏建材的应用，进一步提升建筑可再生能源替代率，力争实现可再生能源在建筑部门的规模化、高效化应用，让建筑自身成为可再生能源的重要产出载体。

在既有建筑改造方面，2060 年前完成 100% 既有建筑的改造工作，使所有既有建筑都能达到相应的低碳节能标准。同时，引导和鼓励居民逐步采用电炊具，淘汰燃气灶具，在公共建筑中大规模推行全电厨房，进一步提升建筑领域的电气化水平，最终实现公共建筑的全面电气化，从用能终端彻底摆脱对化石能源的依赖，全面达成建筑领域碳中和目标。

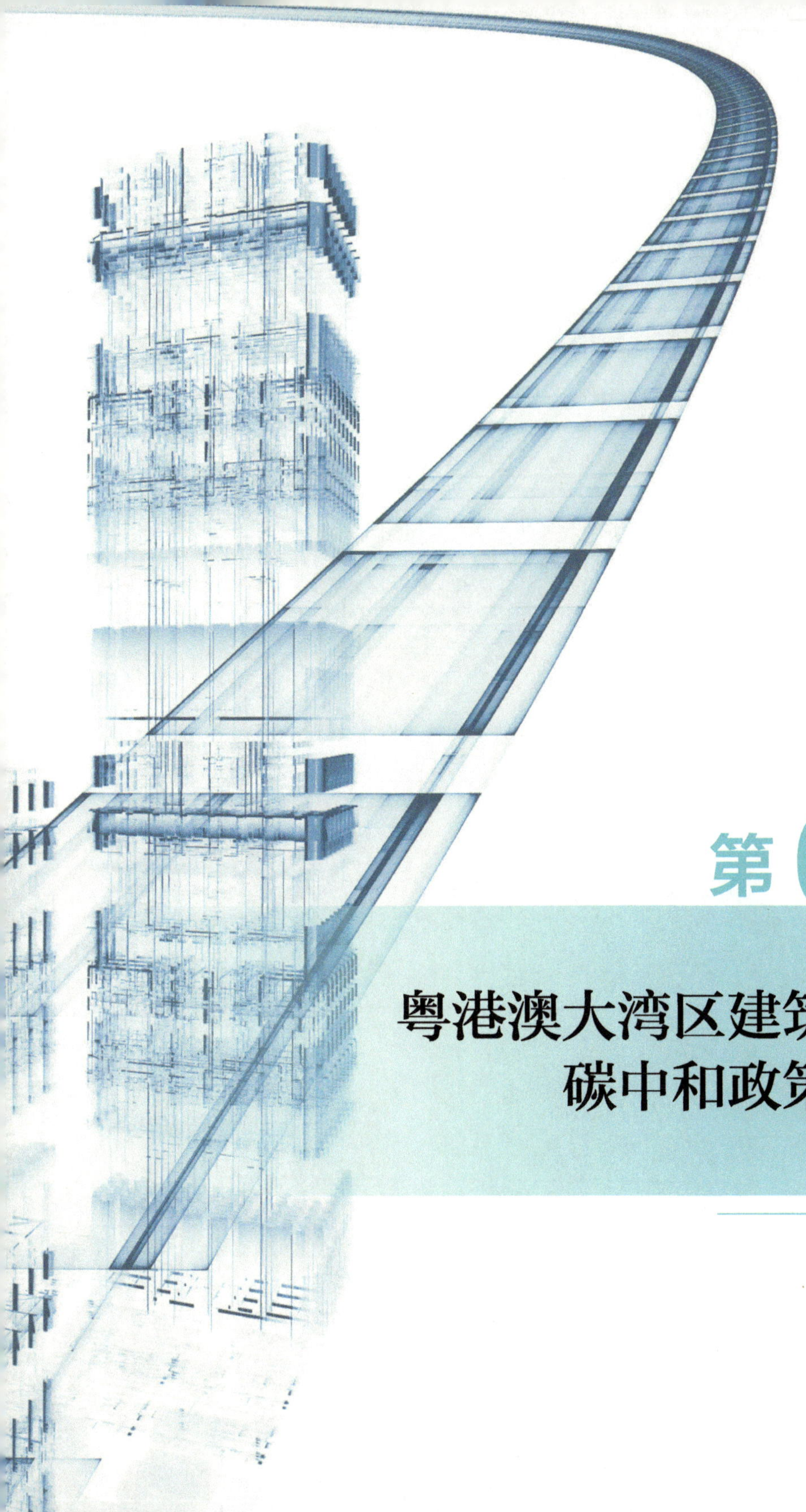

第6章

粤港澳大湾区建筑部门碳中和政策建议

建筑部门作为能源消费和碳排放的重点领域，其碳中和进程直接影响粤港澳大湾区碳达峰、碳中和目标的实现。鉴于建筑部门直接碳排放（如燃气使用）与间接碳排放（如电力消耗）的双重属性，需通过标准提升、技术创新、政策协同与市场机制等多维度发力，构建全生命周期的低碳发展模式。以下从政策规划、技术应用、市场机制 3 个层面提出系统性的碳中和政策建议。

6.1 强化顶层设计，构建协同高效的政策规划体系

近年来，粤港澳三地出台了一系列政策措施以推动绿色建筑的发展。广东推出《广东省绿色建筑量质齐升三年行动方案》等政策，明确提出了绿色建筑的发展目标和任务；澳门绿色建筑相关的规范多数为鼓励性指引；香港在绿色低碳建筑政策制定上起步较早，1996 年就推出了建筑环境评价标准体系 BEAM，且碳中和目标十分明确，即争取在 2050 年前实现碳中和，并在《香港气候行动蓝图 2050》中详细规划了包括节能绿建等在内的实现路径。

广东可以借鉴香港在目标设定上的明确性和前瞻性，结合自身实际情况，制定更为具体、可行的绿色建筑发展目标；香港则可以借鉴广东在政策制定上的全面性和系统性，进一步完善自身的绿色建筑政策体系。粤港澳大湾区在绿色低碳建筑政策方面，既有共同的目标和策略，也存在实施差异与挑战，通过加强区域合作、优化政策实施策略、发挥各自优势，可有效推动区域内的绿色低碳发展。

（1）实施总量管控与结构优化，科学引导建筑规模增长

建筑面积是影响建筑能耗的重要因素。未来，随着人们对宜居生活的要求不断提高，粤港澳大湾区公共建筑需满足宜居宜业宜游的实际需求，居民

建筑和公共建筑的面积会进一步增加。通过规划控制和引导新增建筑总量规模，合理引导居民居住消费需求。对于城镇居住建筑，参考日本或者欧洲发达国家中等水平的人均居住建筑面积水平，鼓励开发小户型住宅，减少奢侈型不合理居住面积需求；对于公共建筑，针对不同功能的建筑规模进行规划和引导，对公共活动场馆、医院、学校等服务居民生活的建筑，鼓励适当增加建设规模。

（2）阶梯式提升能效标准，加速超低能耗建筑推广

推动建筑建造从传统建筑逐步向节能建筑、超低能耗建筑、近零能耗建筑、零能耗建筑转变。增加超低能耗建筑和近零能耗建筑在新建建筑面积中的比重，实施以超低能耗建筑为核心的各项建筑节能举措，提高建筑能耗标准门槛，逐步将家电及其他建筑用能设备的能效标准提升至国际最佳能效水平。明确各类建筑的能耗定额标准及超低能耗建筑的要求，建立完善被动式超低能耗建筑的技术标准体系，并加强建筑节能标准的实施监管。应普及一体化设计理念与被动式设计方法，从源头上提高建筑能效。加强超低能耗建筑相关技术产品的研发和推广，研究开发高性能的绿色建材，鼓励优质建材、高性能维护结构部件、高效用能设备等的发展，为超低能耗建筑规模化推广提供支撑。

（3）建立财税激励机制，实施建筑节能奖励制度

经济激励是成功实施能耗标准、促进节能技术研发、推广建筑节能产品、提高社会节能意识的关键性配套政策措施。通过能源政策鼓励并授权公用事业组织实施激励性节能建筑项目，提高不同组织参与建筑节能的积极性。对超低能耗建筑项目给予补贴，对既有建筑节能改造项目按节能量给予奖励；设立绿色建材推广专项资金，支持高性能门窗、保温材料等的产业化。对新建节能建筑（含居住建筑与公共建筑）实施税收减免政策，建筑内的节能建筑设备也可获得相应的税收减免优惠；对购买节能住宅的家庭减免契税，对建筑企业研发节能技术的费用实行加计扣除，对光伏建筑项目免征房产税、城镇土地使用税。制订推广可再生能源在建筑领域应用的市场激励计划，鼓

励大湾区地方政府与能源供应企业合作提供地区性的可再生能源资助计划。由广东、香港、澳门共同出资设立“大湾区建筑碳中和基金”，重点支持跨区域可再生能源项目（如分布式光伏集群）和技术研发。

（4）深化粤港澳政策协同，推动标准互认与资源共享

香港已宣布争取在2050年前实现碳中和，并在《香港气候行动蓝图2050》中明确提出净零发电、节能绿建、绿色运输和全民减废的四大策略。广东可以借鉴香港的做法，制定明确的绿色低碳建筑发展目标，并将其纳入全省的低碳发展规划。通过开展绿色建筑环保评估试点、绿色建筑专才及通才培训，扩展“iBEAM”（绿色建筑环保评估数字平台）数据服务，推动香港BEAM、广东《绿色建筑评价标准》与澳门相关规范的衔接，建立大湾区统一的绿色建筑评价数据库，实现评估结果互认。联合开展绿色建筑设计师、节能咨询师等职业资格培训与互认，设立“大湾区碳中和建筑创新实验室”，推动三地高校、企业联合攻关关键技术，为大湾区乃至全国建筑绿色发展提供可借鉴的经验与模式。

6.2 聚焦技术创新，构建全链条节能减碳技术体系

广东、香港两地在建筑节能技术方面一直走在全国前列。广东在绿色建筑技术创新方面积极探索新技术、新材料的应用，如装配式建筑、智能化建筑等。香港则在智慧建筑科技方面有着丰富的实践经验，如利用物联网、大数据等技术提升建筑的能效和舒适度。广东可以学习香港在智慧建筑科技方面的创新做法，将更多先进技术引入绿色建筑领域。香港则可以借鉴广东在产学研合作方面的经验，加强与内地高校、科研机构的合作与交流，共同推动绿色建筑技术的研发和应用。

（1）强化关键技术攻关，突破区域气候适配“瓶颈”

建筑节能手段很多，因各建筑的特点不同，采用的节能手段也有所不同，可归纳为以下几种：采用高效率设备；采用蓄冷、热电联产、自然能源和废热利用等节能系统；采用节能控制方控制管理方式；进行节能控制管理。加强对建筑节能高新技术的研究应用，根据粤港澳气候区和环境特点，研发抗台风型光伏幕墙、防潮隔热一体化外墙系统、高效热回收新风设备，降低空调系统能耗，结合工程实际情况进行建筑空间的合理设计，针对建筑空间的每个使用功能进行能源设计，为大湾区的建筑节能提供强有力的技术支持。推广基于物联网的建筑能耗监测系统，开发 AI 算法以优化空调、照明等设备运行策略，实现建筑智慧能源管理。

（2）加速可再生能源替代，提升建筑电气化水平

要实现 2060 年前碳中和，电气化是降低建筑直接碳排放的最主要途径。创新节能低碳建筑技术，如光伏、地热建筑一体化技术、被动式节能建筑、建筑组群的集中式热电冷联供技术等，加强可再生能源建筑应用的重大共性关键技术开发及产业化。制定《大湾区光伏建筑应用导则》，要求新建公共建筑屋顶光伏覆盖率不低于 50%，鼓励在产业园区、交通枢纽建设“光伏 + 储能”微电网。在城镇大力发展“直流配电 + 分布式储能 + 智能充电桩”的柔性用电建筑，支持电动汽车与建筑电网互动（V2B）。在农村推广“光伏屋顶 + 农光互补”模式，实现分布式能源就近消纳。在酒店宾馆、医院等热水需求大的建筑推广空气源热泵。在珠三角沿海地区试点地源（海水源）热泵。在澳门等空间有限地区探索小型风电与建筑结合技术。完善可再生能源电力上网政策，鼓励就地发电并网；大幅提高建筑用能产品能效，大力提升建筑智能化管理水平，推广智能家居，提高建筑用能电气化水平。

（3）系统推进既有建筑改造，挖掘存量减排潜力

重视对既有建筑的节能改造，公共建筑（如政府办公楼、商场）优先改造空调系统（更换变频机组、加装热回收装置）、照明系统（全面替换为 LED 灯具），同步加装光伏板和储能设备；居住建筑通过“政府补贴 + 居民分担”

模式，推进外墙保温、门窗节能改造，鼓励加装太阳能热水器。制定针对既有建筑节能改造的政策，同时设立专门的基金提供低息贷款，每年对一定比例的既有公共建筑进行节能改造，既有建筑改造目标主要包括提高建筑舒适度、降低建筑能耗、减少环境污染等。推广合同能源管理（EMC）模式，由节能服务公司承担改造费用，分享节能收益。建立改造项目能效提升数据库，对改造后的建筑进行为期 3 年的跟踪监测，确保节能效果稳定。

6.3 激活市场活力，构建市场化机制与治理体系

依托大湾区市场优势，将行政调控与市场机制结合，形成“政府引导、市场主导、社会参与”的低碳发展格局。

（1）健全全生命周期监管体系，强化能耗数据赋能

建立建筑从设计到拆除的碳排放核算制度，将碳排放强度纳入土地出让、规划许可、竣工验收等环节；对年能耗超 5 000 t 标准煤的大型公共建筑，实施能源审计强制制度，形成以实际能耗为控制目标的高效建筑节能政策和管理体系。整合广东“建筑节能监管平台”与香港“建筑物能源效益注册系统”，建立大湾区统一的建筑能耗数据库，实现能耗数据实时监测、异常预警和信息公开。进一步加强建筑节能激励机制，加大扶持力度，重点扶持低能耗建筑、既有建筑节能改造、可再生能源、节能电力、节能技术和产业、建筑节能研究和服务机构等。运用大数据等现代化信息技术手段管理建筑节能。明确开发商、设计单位、物业公司在建筑全生命周期的节能责任，对超额排放项目实施碳配额扣减或罚款。

（2）推行建筑能效标识制度，引导绿色消费

香港《建筑物能源效益条例》及相关法案对于全球城市碳中和都有借鉴意义，通过严格的行为准则和能源审计来提高建筑能源使用效率。建议探索

建立粤港澳大湾区建筑物的能效标识认证证书系统，对建筑物中的能源使用情况进行量化（包括照明、空调、热水供应等方面）和能耗认定。建筑物的能效证书与家用电器上的能效标签一样，反映了建筑物的能耗属性，还包括对建筑物进行节能改造的建议、措施及注意事项等。要求新建建筑在销售、租赁时公示能效标识，大型公共建筑需在入口处悬挂标识牌，供公众监督。能效标识认证证书系统的实施，有利于提高建筑商和消费者的节能意识，对提高建筑物节能水平起到重要推动作用。

（3）深化碳市场机制应用，发挥价格杠杆作用

市场机制是推动建筑节能发展的长效机制。当前我国内地建筑节能工作主要依赖行政力量，尚未形成良好的市场运行机制。香港通过政策引导和市场机制相结合的方式推动绿色低碳建筑的发展。广东可以学习香港的经验，通过制定相关政策和法规，如绿色建筑标准、节能设计规范等，引导建筑行业向绿色低碳方向发展。优先将大型公共建筑、商业综合体纳入碳市场，按建筑面积分配碳排放配额，超额排放需购买配额，以市场化手段进行能源和碳排放管理。建筑部门要主动参与已正式启动的全国统一的碳排放权交易市场，鼓励建筑企业通过投资林业碳汇、可再生能源项目抵消自身排放，支持金融机构开发“建筑碳中和基金”。推动建筑能耗数据库与碳市场交易系统对接，实现碳排放数据自动核算、配额精准分配。将更多的建筑能耗数据向社会公布，让信息数据在市场中流动，可以更好地激活建筑节能市场。

（4）创新专业服务模式，提升全流程管理水平

在传统的建设管理模式下，积极探索专业服务模式的调整，借鉴香港建筑师全程服务负责制，强调建筑师从项目规划、设计、施工到运维的全过程参与，鼓励建筑师整合工程师、节能咨询师等专业力量，提供“一站式”低碳解决方案。支持第三方机构开展节能诊断、碳核算、绿色认证等服务，形成“咨询—设计—改造—运维”的完整产业链。引入国际绿色建筑认证体系（如 LEED、BREEAM）的先进经验，推动大湾区建筑低碳技术与标准走向国际。

粤港澳大湾区建筑部门碳中和是一项系统工程，需充分发挥“一国两制”优势，通过政策协同破除区域壁垒，通过技术创新突破发展“瓶颈”，通过市场机制激发内生动力。未来，随着各项措施的落地，有望将大湾区打造为全球建筑碳中和的标杆区域，为世界城市群低碳转型提供“中国方案”。